活着就是不断治愈自己的过程

孙丽萍 编著

南京出版传媒集团
南京出版社

图书在版编目（CIP）数据

活着就是不断治愈自己的过程／孙丽萍编著．--南京：南京出版社，2017.4

ISBN 978-7-5533-1728-1

Ⅰ．①活… Ⅱ．①孙… Ⅲ．①心理学－通俗读物 Ⅳ．①B84-49

中国版本图书馆CIP数据核字（2017）第066795号

书　　名：活着就是不断治愈自己的过程
作　　者：孙丽萍
出版发行：南京出版传媒集团
南 京 出 版 社
社　　址：南京市太平门街53号　　**邮　　编**：210016
网　　址：http://www.njcbs.cn　　**电子信箱**：njcbs1988@163.com
淘宝网店：http://njpress.taobao.com　　**天猫网店**：http://njcbcmjtts.tmall.com
联系电话：025-83283893、83283864（营销）　025-83112257（编务）

出 版 人：朱同芳
出 品 人：卢海鸣
责任编辑：严行健
装帧设计：A BOOK · 蜀黍
责任印制：杨福彬

印　　刷：三河市兴国印务有限公司
开　　本：880毫米×1280毫米　1/32
印　　张：7.5
字　　数：150千字
版　　次：2017年4月第1版
印　　次：2017年4月第1次印刷
书　　号：ISBN 978-7-5533-1728-1
定　　价：32.00元

淘宝网店　天猫网店

营销分类：励志

前　言

尘世的喧嚣，工作的纷杂，不仅仅疲惫了人的身体，也渐渐浮躁了一整颗心。

我们每个人的生命只有现在，但却被赋予了过去、现在、未来三种模式。如果我们总在缅怀过去，那么必然会选择使用过去的模式来对待现在，也就无法从容洒脱地去享受未来。

活着就是不断治愈自己的过程，《菜根谭》有言："事穷势蹙之人，当原其初心；功成行满之士，要观其末路。"指的就是为人处世的心态。无论功成名就，还是处于微时，保持良好而淡定的心态，提高完善自己，最终无论岁月如何更迭，我们将会成长为自己想要的样子。

人生，有时就像一场拆迁，经历过拆迁的阵痛，才有重建的新生！承受过撕破华丽墙纸的不舍，才会收获修缮后焕然一新的心情。人从出生、成长到强壮，直至衰老死亡，是一场短暂而又奇妙的旅程。唯有心境可以不受身体盛衰的控制，一直处于生机勃勃的绽放之中，保持淡定的心态，让我们的内心随时丰盈，任凭时光流逝，圆满的始终是我们的心灵。

打开此书，遇见完美的自己！书中用简短而又撼动内心的小故事，告诉我们该怎样去安抚一颗颗躁动不安的心灵，如何才能看清生命的真相，心归一处方能找到精神的家园。

如果说，匆匆那些年，我们一直奔波在路上。现在，用一本书的时间，坐下来和自己谈谈，好好梳理一下过去，想清楚，我们到底想要成为怎样的自己，我们面对难以掌控的以后该何去何从。

目 录

第一章
以从容的心态过生活

第二章
不平的是心，不是人生

第三章
从负面情绪中走出来

第四章
世间最幸福的，莫过于为人豁达

第五章
爱上你遭遇的不完美

第六章
告别轻抑郁的生活方式

第一章 以从容的心态过生活

为谁而活，这是永远值得深思的问题

当深夜案头昏黄的灯光洒在我们疲惫的身上，当卸去一天征战的铠甲，换上舒适的家居服喝一盏清茶。我们心头往往会涌上一个念头，缭缭绕绕，经久不散，那就是——我们这么辛苦到底是为谁而活？

四十多年前，一对双胞胎男孩在一个贫困的家庭中降生。母亲早逝，父亲嗜酒如命，且痴迷赌博，整天游手好闲、醉生梦死。他对两个男孩几乎不闻不问，任由他们自生自灭。渐渐地，孩子们长大了，老大积极向上，不向厄运低头，一次次从绝望中拯救自我，最终进入大学，学了法律，用自己的经济实力改善着家人的生活。老二却恰恰相反，悲观沉沦，从小就自怨自艾，长大后学着父亲流连酒馆。老大一步步离开了原来居住的贫民窟，当上了律师、法官，过着中产阶级的生活。而老二则继续窝在暗无天日的家里，时不时干些坑蒙拐骗的勾当。

终于，他在一次作案后被送上法庭，而审理此案的恰好是他的双胞胎哥哥。许多人都觉得哥哥幸运而弟弟不幸。一个记者问他们：“你们来自同一个家庭，怎么变得如此不同呢？”两兄弟的回答却大相径庭，哥哥说：“在这样的家庭中长大，活着对我来说是种责任，我相信我有能力让家人过上好日子，为此我奋进，我觉得我必须要活出个样来，因为我是为家人而活。”而弟弟则说：“生长于这样的家庭，出身低微，前途暗淡，我找不到活着的意义，我也不知道我该为谁而活。”哥哥接下来义正词严地说出了一番话，震惊了全场。哥哥说：“人活一世，没有人约束或者要求你必须为谁而活，你在沉沦迷茫的时候，难道就没有想过，谁也不为，就为自己好好地充实地活着？当你没有能力兼顾他人的时候，能把自己活出尊严，活出精彩，你也可以称得上是人生赢家，而不至于像现在这样苟且不堪。”

所有人都为哥哥的话而陷入沉思。人活着，其实可以选择多种生活方式，一种是肩负重任，肯于做到“你快乐所以我快乐”，并为此活得神采奕奕，充满目标。

另一种是闲云野鹤，独善其身，只求把自己的人生活得圆满，无须他人操心、惦念，但也无暇去兼顾他人。无论哪种活法，只要不累及他人，都算是好的生存理念。我们唯一要注意的是调整好自己的心态，让自己拥有淡然处世的心境，从容舒缓的生活态度，这样方能成就我们的幸福人生。

曾经有一个年轻人正在河边等待心爱女孩的到来。他们约好了上午 11 点见面，可眼看 11 点 10 分了，女孩还没有踪影。年轻人双手合十许愿说："我实在太爱这个女孩了，我最大的幸福就是马上见到她，然后赶紧求婚，最好我们马上结婚、生孩子，一起白头偕老，这就是我活着的全部意义。"神听到他的祷告，马上把女孩带到了他身边。他喜出望外，果然开始求婚、结婚、生孩子、抚养孩子长大、给孩子办婚事，一切像是走马灯一样仓促，然后他迎来了生命的尽头。弥留之际，神问他："这就是你要的生活吗？"他摇了摇头："不，我好像一直被催着、赶着，还没来得及好好体会和老伴在一起的感觉就要死了。如果能重来一次，我一定学会享受生活，哪怕是漫长的等待，也会好好去体会那一份期待的心动。否则我真觉得这辈子亏欠了自己，好像从未活过。"神笑了，一挥手，他睁开了眼睛。他还在河边，刚才原来是一场梦。年轻人顿悟，然后他不再心急火燎地团团转圈了，而是安静地坐下，倾听自己的心跳，欣赏着周围的美景，等待着女孩的到来。

人就是这样一种生物，我们既要为身边的亲友活着，但同时也得为自己而活，也只有这样才会活得充实，活得有价值、有意义。反之，就会失去上进的动力，没有了努力的方向。生命一旦陷入这种境地，人生也许就失去了活力。

人在全心全意为自己而活时，活的是自由的惬意，可以用心做想做的事，那是一种莫大的幸福；人在为别人活的时候，活的是一种奉献的快乐，可以感受到一种被需要的价值，这是一种心理的满足。

然而凡事都应该做到相辅相成，否则必然物极必反。当我们只为别人而活，活得失去了真实的自己，每天营营役役，却庸碌而苦闷，久而久之，必然心生不平与自怜，于是时时刻刻总想着逃离。可如果一个人只为自己而活，时间长了必然就会失去亲情与友情的依托，就此迷失方向，陷入自问为谁而活的尴尬境地。

举世闻名的指挥家阿尔图罗 · 托斯卡尼尼，是 20 世纪最有才华和要求最严格的音乐指挥家，业界传说他永远是只凭记忆来指挥。虽然这位 20 世纪最受称赞的指挥身材瘦小，但他坚强不屈的高洁品质使他成为一个举世瞩目的不可估量的人物。当他过 80 岁生日时，儿子好奇地问他："您觉得您这一生中，做过的最重要的事情是什么？"托斯卡尼尼想了想，回答说："我现在正在做的事，就是我一生中最重要的事——不管是在指挥一个世界著名乐团，还是在剥一个橘子。我指挥乐团，是为大家带来欣赏的乐趣，我很有成就感；而我现在剥一个橘子，是在服务于自己，我获得满足的享受。所以，我这辈子既为他人活过，也为自己而活，我对我自己的一生相当满意。”

美国著名的社会心理学家马斯洛在书中说：“人对活着的需求有五个层次，从低级到高级依次是：一、生存的需要；二、安全的需要；三、爱和归宿的需要；四、尊重的需要；五、实现自我的需要。”

从心理学的角度来说，人其实首先还是为自己活，其次才能为别人提供服务，如果自己的生存都没法保障，那还奢谈什么为别人而活？

心灵悟语

学会淡然处世，以从容的心态面对人生，不纠结，不迷茫，怎样活好自己的人生然后去惠泽他人，才是每个人应该思考的命题。

以良好的心态，面对未来

你站在楼上看风景，看风景的人在楼下看你。人从呱呱坠地的一刻起，便意味着人生大戏的帷幕缓缓开启，我们俨然成了观众席上的一员，从此身临其境地去体验世间的悲欢离合。待得人到黄昏，看尽千帆过尽，你我成为敦厚的长者，不必感叹时光如白驹过隙，大戏即将落幕，也不必纠结于曾经的恩恩怨怨，难以释怀。请时刻铭记，人生的长河中，我们往往不是闪亮主角，只不过是戏台下芸芸众生中的看客之一。

24岁的霍华德·金森，是美国哥伦比亚大学的哲学系博士。他毕业论文的课题是《人的幸福感取决于什么》。为了完成这一课题，他向市民随机派发了10000份问卷。问卷中，有详细的个人资料登记，还有五个选项：A非常幸福；B幸福；C一般；D痛苦；E非常痛苦。历时两个多月，他最终收回了5200余份有效问卷。但经过统计，只有121人认为自己非常幸福。

接下来，霍华德·金森对这121人做了详细的调查分析。他发现，这121人当中有50人是这座城市的成功人士，他们的幸福感主要来源于事业的成功。而另外的71人，有的是普通的家庭主妇，有的是卖菜的农民，有的是公司里的小职员，还有的甚至是领取救济金的流浪汉。这些职业生涯平凡黯淡的人，为什么也会拥有如此高的幸福感呢？通过与这些人的多次接触交流，霍华德·金森发现，这些人虽然职业多样、性格迥然，但是有一点他们是相同的。那就是他们都对物质没有太多的要求。他们平淡自守，安贫乐道，很能享受柴米油盐的寻常生活。

这样的调查结果让霍华德·金森很受启发。他得出了这样的论文总结：这个世界上有两种人最幸福。一种是淡泊宁静的平凡人，一种是功成名就的杰出者。如果你是平凡人，你可以通过修炼内心、减少欲望来获得幸福；如果你是杰出者，你可以通过进取拼搏，获得事业的成功，进而，获得更高层次的幸福。

他的导师看了他的论文后，十分欣赏，批了一个大大的“优”！

毕业后，霍德华·金森留校任教。一晃，二十多年过去了。如今，霍德华·金森也由当年的意气青年成长为一位知名的终身教授。一个偶然的机会，他又翻出了当年的那篇毕业论文。他很好奇，当年那121名认为自己“非常幸福”的人现在怎么样呢？他们的幸福感还像当年那么强烈吗？

他把那121人的联系方式又找了出来，花费了三个月的时间，对他们又进行了一次问卷调查。调查结果反馈回来了。当年那71名平凡者，除了两人去世以外，共收回69份调查表。这些年来，这69人的生活虽然发生了许多变化（他们有的已经跻身于成功人士的行列；有的一直过着平凡的日子；也有的人由于疾病和意外，生活十分拮据），但是他们的选项都没变，仍然觉得自己“非常幸福”。而那50名成功者的选项却发生了巨大的变化；仅有9人事业一帆风顺，仍然坚持着当年的选择——非常幸福；23人选择了“一般”；16人因为事业受挫，或破产或降职，选择了“痛苦”；另有2人选择了“非常痛苦”。

看着这样的调查结果，霍华德·金森陷入深思，一连数日，霍华德·金森都沉浸在自己的思绪当中。两周后，霍华德·金森以“幸福的密码”为题在《华盛顿邮报》上发表了一篇论文。在论文中，霍华德·金森详细叙述了这两次问卷调查的过程与结果。论文结尾，他总结说：所有靠物质支撑的幸福感，都不能持久，都会随着物质的离去而离去。只有心灵的淡定宁静，继而产生的身心愉悦，才是幸福的真正源泉。

无数读者读了这篇论文之后，都纷纷惊呼："霍华德·金森破译了幸福的密码！"这篇文章，也引起了广泛的关注。《华盛顿邮报》一天之内六次加印！

在接受媒体采访时，霍华德·金森一脸愧疚：20多年前，我太过年轻，误解了人生的真正内涵。生活的幸与不幸从来都没有一个数据确凿的定义，只要拥有淡然的心态，从容地去面对生活，那么，就是一种最大的幸福。

如果我们认为人生如戏，那么我们已经是戏中的一员了，无论是主角还是观众，都应该去圆满完成这出戏所赋予我们的职责，并且在完成中寻找到属于自己的快乐。

戴尔曾经这样勉励想要创业的青年："年轻人，你们要忠于自己，如果你现在很想做你认为对的事情，那么就放手去做，不要在意别人的看法和想法。如果我因为别人的怀疑和否定而停止不前的话，就没有今天的我。我们是否能坚持，是否能冲破阻碍，则要看我们能否忠于自己。"

做自己想做的事，这样我们的心才能找到归宿，才能感受到为了事业而拼搏的乐趣，无论多苦多累，我们都会开心。事实上，只有做自己想做的事，走自己想走的路，我们才能始终充满激情，始终充满希望，我们的生命才能找到支点，我们的人生才能获得幸福。

你向往远方，向往一个陌生的没有压力的世界。你觉得此刻的自己令人厌倦，因为它有很多令你不爽的理由。殊不知，曾经的你盼望着这一刻的到来，以至于写满了整个日记本，那些被你忽视甚至漠视的时光，都是曾经的美好礼物。

谁都不知道人生的下一步是什么。每一个人，每一天，我们都是从今天开始，所以，有一个良好的心态去面对未来这对我们来说至关重要。

所以说要找到人生幸福的真谛，保持心灵的安静，淡定尤为重要。我们要尽可能地达到一种放下自我，精神与天地宇宙融而为一的境界。这就要求我们“收视返听”，意思是，将平常向外追逐的心思收拢回来，向内观照自己的心灵，保持平和、宁静的心境，直至进入天人合一的忘我境界。

从前有一位非常要强的小和尚，他每天都比别人早起，而夜间又比他人晚睡，所有多出来的时间，他都苦心去研习佛法，可没想到，等到大家在一起研讨佛法之际，他会的并没有比别的人多。于是，他伤心不已，觉得自己太过愚笨，简直是非常不幸的一件事。禅师见他为此事耿耿于怀，于是决定亲自点化他：“以后你在早起与晚睡的时间，不必苦心修习佛法，而是静下心来，认真想想一天所经历的事情，天天如此即可。”小和尚虽然不解，但是一贯听话的他，按照禅师的要求去做了，天长地久，他果真去掉了浮躁之心，而坦然地接受了一切事实，没想到，与此同时，他的佛学技艺竟然突飞猛进，达到了一个新的境界。

人的一生就像是一条长长的河流，只会奔流不息，永远也不会停留在某一时刻，所以我们不要把时间浪费在不必要的人或者事物上，我们只管牢记，生活中我们与其烦扰不安，去整天经历那些大起大落，不如安安心心地去活出自己。

心灵悟语

任他百转千回，也任他人事倾轧，我们始终抱有一颗淡定之心，坐看花落，卧赏云舒，做那个最幸福的人。

真水无香，平淡是真

“行到水穷处，坐看云起时”是一种洒脱情怀，“采菊东篱下，悠然见南山”是一种淡定心态，“心安茅屋稳，性定菜根香”，形容的更非是一时的窘迫，而是超然的大格局。拿破仑·希尔曾经说过，如果你有一颗热情而淡定的心，那么毫无疑问，现实将会给你带来奇迹。生活注定充满无限变数，但无数事实让我们相信，真水无香，平平淡淡才是真。

美国电台广播员莎莉·拉斐尔，在职业生涯中曾被辞退18次。可她从没有绝望消沉，而是一次次跌倒后爬起，用满腔热情继续追求梦想。有一次，她好不容易在纽约一家电台谋求到一份差事，但很快又遭辞退了。主管说她太落伍，是个土包子。拉菲尔并没有怨天尤人，而是积极总结教训，又向另一家广播公司推销自己。在她的软磨硬泡下，这家公司答应她勉强一试，但提出要她先主持一档政治节目看看。莎莉是个政治盲，想主持好一档政治节目很难。但这是一次机会，她无论如何也要尝试一下。她利用自己平易近人的特点，在主持时大谈即将到来的国庆节对自己的意义，还请观众打来热线畅聊感受。听众被这种新颖的模式吸引了，这档节目的收听率也节节攀升。如今，莎莉尔已自办电视节目，成了广播公司的老板，多次获得各种主持人奖项。回首往事时她说："我被人辞退18次，我不漂亮，也没有过人的才华，但我始终坚信，平淡的真实的也许正是最容易被人们所接受的。"

真水无香，平淡是真。最美的容颜是出水芙蓉，最美的心灵是纯净无瑕。当我们走过无数岁月，品过无数美丽，经历不尽沧桑，一定会发现，还是淡然最美，平淡最真。

有一位女士，家境颇丰，因为先生有本事，所以，她不用朝九晚五地为了生活去打拼，每日不是闲来无事做做美容，就是练练瑜伽，她简直成了身边所有女人羡慕的对象。每次大家聚在一起，无不齐声夸赞她的幸福，唯独她，却很少笑，整日里唉声叹气，牢骚满腹。大家都很不解这是因为什么。没过多久，听说她身患抑郁症，严重到需要定时服药。后来，通过她的先生，人们方才得知真相。原来，她每日接触的环境非富即贵，这使得她终日攀比，总认为自己和这个比还差得很远，和那个在一起又略显寒酸，久而久之，这样一个人人羡慕的对象，居然为了去羡慕别人，而让自己疾病缠身。

“无为而无不为，无欲而无不欲”，子牙钓于渭滨，卧龙躬耕南阳，无不是一种淡然。爱的最高境界是经得起平淡的流年，人生的最高境界是经历百年风雨后仍有一颗不染尘埃的心，在平淡中沉淀，在平淡中明志，在平淡中澄净。

女作家阿加莎·克里斯蒂的作品享誉世界，而且她本人也长得非常美丽。她的丈夫是其貌不扬的考古学家。大家私底下都嘲笑克里斯蒂的丈夫是专门和死去的人打交道的家伙。一次，在一次大型的宴会上，有一个人不怀好意地问克里斯蒂：“你能不能讲讲你是怎样决定嫁给你的丈夫的？”众人听了哄堂大笑。克里斯蒂非常礼貌地点了点说：“因为他的职业，所以我不害怕在他的身边老去。”结果，克里斯蒂的话博得了满堂喝彩。

一个人的生活幸福与否，其实和物质并无太多瓜葛，反而是心态主宰着芸芸众生的喜怒哀乐。如果常常是“见物忘我，身为欲驱”，那么世间的万物与欲望多到车载斗量，如果时常纠结在“得不到就失衡”的情绪中，那么即使华佗再世，恐怕也无良方。就连先秦时的老子都总结出：“祸莫大于不知足，咎莫大于欲得，故知足之足，常足矣。”

有一个车间女工，刚参加工作时，要做的就是将产品装箱、打包、封好，非常单调。车间内除了她以外，别人都是磨洋工，消遣时间。唯有她十分认真，每天兢兢业业。为了让单调的工作不那么无聊，她甚至给自己设立了一个小目标——“每天都比昨天做得更快一点”。就这样，她每天都和自己竞赛，工作的效率越来越高。后来，领导开始注意到了这个干活奇快的女工，因为她一人的工作量几乎等于一个小车间的量。后来，领导推荐她参加了行业的技能比赛，并提拔她为车间主任。升职后，她依然努力工作，把工作当成一种享受。就这样，她在每一个岗位上都能找到目标和乐趣，一步步升职加薪，最终成长为该公司的副总裁。

真正的水肯定没有撩人的香气，内心的平淡也不是故意避开车马喧嚣，而是在心中修篱种菊。任凭岁月流逝，在生活中发掘出最好的自己，拥有一份平和的心态，继而去完善自己，提升自己。

心灵悟语

尽管如流往事，每一天都涛声依旧，只要我们消除执念，便可寂静安然。愿每个人，在纷呈世相中不会迷失荒径，可以端坐磐石上，醉倒落花前。

生活的美，本就在于参差多态

18世纪法国伟大的启蒙思想家、哲学家、教育家、文学家卢梭说过——“参差多态乃幸福本源”。春的微风，夏的暖阳，秋的落叶，冬的冰霜，仔细观察，无一不浸染着独特之美，无一不展示着参差的多态之美。就如同我们的生活，一帆风顺固然是顺遂的美，百转千回中更蕴含着否极泰来之美。美无处不在，体会它，理解它，却需要我们有一颗淡定的心。

曾经有个单身男人，成年后每日为了事业奔波劳碌，看惯了外面世界的豪华奢侈，那份舒适让他流连忘返，而回到窄小逼仄的家里，环境的落差，又让他无比失落。他的父母也觉得很亏欠他，没有能力给他一个好的生活环境。一日，公司老总因为有急事找他，来到他的家里，男人窘于家里的简陋，连声致歉，反而倒是老板，惊讶之际，赞不绝口，男人当初还以为这是老板的教养与礼貌，没想到的是，数日后，一日酒宴归来，老板叹息着说："你的家虽然不大，但是给人感觉充满了生机，让人觉得温馨。我要是有你这样一个家，真的哪里都不想去了。"

男人回到了家，重新用陌生人的眼光打量着这个在他看来没有一丝优点的住所。进门处低矮的鞋架上，摆放着整整齐齐擦拭得干干净净的鞋子，一盆小小的绿萝生机盎然地垂挂在上面。就连那转不开身的卫生间，他的父母都在高处悬挂了一盆吊兰，青葱的枝条，在雪亮的瓷砖上闪着柔韧的光。厨房里的炉火上，扑扑地翻滚着他最爱吃的排骨，那汩汩香气弥漫在家的四周。他的眼睛突然就湿润了。有的时候，唾手可及的一些幸福往往被我们忽视，总是在日后回想，才能肯定曾经我们也幸福过。

《菜根谭》中有言："醲肥辛甘非真味，真味只是淡；神奇卓异非至人，至人只是常。"烈酒、肥肉、辛辣、甘甜并不是真正的美味，真正的美味是清淡平和。行为举止卓越超群的人不是真正德行完美的人，真正德行完美的人，其行为举止和普通人一样。

说到底，我们都是常人，即使已身居高位、万贯家财，我们都应保持一颗"初心"和一种平和的心态。记住了自己是常人，才会有一颗常人之心。无论是面对挫折还是惊喜，我们都要用一种平和的心态看待，从而避免绝望和自满。

18 世纪的法国著名哲学家狄德罗是一个讲究精致生活的人。有一天，他的一个好友买了一件质地精良、做工考究的红色睡袍给狄德罗。狄德罗高兴极了，把自己关在屋里，穿着这件睡袍在家里走来走去。走着走着，他忽然觉得家里的家具太老旧了，和鲜艳美丽的睡袍不够配套。穿着这样的睡袍，怎能使用那样的家具呢？于是狄德罗就赶紧定制了一套全新的家具，整个屋子显得更亮堂了。他很满意。可他很快发现，当他穿着新睡袍，用着新家具时，那块破旧的地毯太碍眼了，灰蒙蒙的，而且针脚也很粗糙……于是他又换了地毯。慢慢地，狄德罗把家里的一切都换了一遍，花费巨大，差点破产……

很多时候，我们都曾犯了跟狄德罗一样的错误，我们苦心追求的完美，也许正是我们经历苦难的开始。

落英在晚春凋零，看似凄凉，可来年又会是一树灿烂；黄叶在秋风中飘落，看似萎靡，然而春天又焕发出勃勃生机。就如同艰难险阻何尝不是人生给我们的另一种形式的馈赠，关键是我们用何种心态去看待这种“参差之美。”

利兹·维拉斯奎兹 2015 年 3 月现身在德克萨斯州奥斯汀举行的西南偏南电影节上，电影节播出了她主演的 78 分钟的影片，表达了一个女人一生所经历的心酸往事，并获得了所有观影者的起立鼓掌。

其实，人活一辈子没有几个人可以顺风顺水，然而利

兹 · 维拉斯奎兹却比别人活得更加艰辛，无他，只因为她长得丑，不是普通意义上的难看，而是确确实实的丑陋。

利兹 · 维拉斯奎兹出生时早产了 4 周，体重还不到 1 千克。医生已经放弃了对她的救治，是她的父母坚决地不肯放弃，生命力顽强的利兹 · 维拉斯奎兹就此活了过来。虽然她丑，可在父母眼中，她仍旧是他们心中的安琪儿（天使）。

在利兹稍微长大一些后，她又患上了罕见的马凡氏综合征和脂肪代谢综合征。长大成人的利兹 · 维拉斯奎兹身高只有 1.57 米，而且还是天生的零脂肪，少女脸颊上圆润的苹果肌，对利兹 · 维拉斯奎兹来讲，简直就是天方夜谭。在她 17 岁的时候，被所有人称呼为“世界上最丑的女孩”。

利兹 · 维拉斯奎兹坦言自己为此哭过，也试图想过自杀，可是某一个夜深人静的夜里，她突发奇想，觉得每个人都会有自己的优点与缺点，自己除了难看之外，其他一切都不见得比别人差，也许，自己这个独特的外貌会成为自己的优势？

说干就干，利兹 · 维拉斯奎兹为自己印制了名片，每当与陌生人相遇，看到别人惊讶的目光，她都会大大方方地走过去，跟对方打招呼：“嗨，我是利兹 · 维拉斯奎兹，也许，我们可以互相帮助。”接了她名片的人大多会认真记住她的名字，就此也认识了这个丑女孩。

终于，利兹 · 维拉斯奎兹的故事得到了制片人的青睐，他花重金邀请利兹·维拉斯奎兹成了影片的女主角，本色出演自己，一个励志的好女孩。现如今，利兹·维拉斯奎兹凭借自己的特点，成功地赚得了人生第一桶金，与家人过上了丰衣足食的日子。利兹·维拉斯奎兹的名言是：“不要在意他人的眼光，一定要相信，你的存在一定是美好的，你要学会试着去接受这种美好，并且学会欣赏。”

不要特别在意自己的缺点，也不用刻意去掩盖，只要我们能够深刻了解到自己的弱势，并能诚心诚意接受它，改造它，那么，我们也会像是利兹·维拉斯奎兹一样，用残缺为自己赢得世人的尊重。

在现实生活中，无论是功成名就的企业家，还是德高望重的大师学者，他们并不是生而如此，而是在平凡中实践人生理想的。身为普通人更是如此，只有在平凡之中才能保留人的纯真本性。

心灵悟语

心态平和地对待人生，才能在平平淡淡中品味人生百味，解生活烦腻，进而在平凡中显出英雄本色。

满足现状也是一种处世智慧

古语云："取象于钱，外圆内方。"这不是在教导我们做人要老于世故，而是在提醒我们在生活中要有自己淡定的生活态度。铜钱看似没有棱角，外圆内方，实际上，它寓意着做人做事的行为准则，处世之道。内里固守着一定之规，外在则呈现出满足现状的一团和气。

一位名叫艾玛的妇女陪伴丈夫来到沙漠腹地。丈夫出外工作了，留她一个人在屋子里。天气非常热，艾玛不懂当地语言，没有人能陪她聊天。她觉得非常难过，很想逃离这个讨厌的地方。父亲知道她的境况后，给她写了一封信。信中只有短短两行字："两个人从牢房的铁窗望出去，一个人看到泥土，另一个人却看到了星空。"艾玛震撼了，同时觉得非常羞愧。她决定在沙漠中找到属于自己的星星。她努力和当地人接触，学习他们的语言和纺织技术；她认真研究那些高大的仙人掌，仔细观察沙漠植物的生长规律；她欣赏沙漠的日出日落，体味从遥远的地方吹来的阵阵风沙……原来难以忍受的环境变成了令她流连忘返的胜地。艾玛高兴极了，因为她知道，自己找到了星星，它们就在自己心中。是什么使艾玛发生了这么大的改变呢？沙漠没有改变，印第安人也没有改变，改变的只是她的心态。满足现状，使她原先认为恶劣的境况变为一生中最快乐、最有意义的冒险，艾玛终于找到了属于自己的星星。

人生的快乐，需要用知足的淡定心态去争取、去守卫。我们应该像契诃夫所说的那样："要是你的手指扎了一根刺，那你应当高兴：多亏这根刺不是扎在眼睛里！"不同的眼光和选择，导致了面对同样事物的不同态度。而不同的态度，也成就了不同的人生。

柏拉图把人分成两类，一类是性情开朗的人，一类是个性阴郁的人。他指出，不同的人对于生活是否快乐和痛苦，显出不同程度的感受性，有人感到失望的事，另外的人会一笑置之。而有些人觉得快乐的事，在另外一些人的眼中，则不值一提。实际上做一个安于现状的人，不是内心缺乏进取心与斗志，而是他们分外懂得享受当下的一切。

西汉梁鸿是中国历史上知名度甚高的士人，少年的梁鸿在经历过家庭的衰落以及战争的大乱后，深感人情的冷暖，促使他十分向往安稳宁静的生活。

梁鸿在外游学完后，回到家乡，与孟光结为夫妇，两人男耕女织互敬互爱，度过了一段平静的时光。有一天，孟光对梁鸿说："夫君要遁世归隐的想法我早就知道，但为何我们至今还不走？难道夫君还要屈服于世俗去入仕吗？"梁鸿一下惊悟过来，于是，他们悄悄地到了灞陵（今西安东北）山中，过起了与世隔绝的隐居生活。

他们在灞陵山深处，用枯树枝和茅草，搭起了能遮风避雨的草棚，在山谷中开垦出土地，种上了小麦等庄稼。白天，他们在地里共同劳动，夜晚，梁鸿就着火或诵读经书，或赋诗作文，或弹琴自娱；孟光或缝衣纳鞋，或添香陪读，夫弹妻唱，远离功名利禄，在大自然中，他们的心情得到了极大的自由。

后来，梁鸿夫妻隐居灞陵山，被外人知道了，慕名前往的人们纷至沓来，打破了他们昔日平静恬淡的生活。有人是为了请教经书中的疑难问题；有人是为询问处世的哲理；有人则是去请梁鸿出来为官；有人出于好奇的心理，想了解他们的私生活。灞陵山再不是梁鸿夫妻生活的理想之地。于是夫妻二人决定迁居到关东地区，继续他们的隐逸生活。梁鸿孟光夫妇向往清新宁静的隐逸生活，在林间山野陶冶性情，与世无争，更让他们的情感更加密切，婚姻更加美满。

不是说像梁鸿夫妇这样隐居世外便可找寻到幸福，而是要像他们二人一样追寻清新宁静的生活，远离喧嚣繁华，使得内心清净。

在中国历史上，这种不求利禄追求理想生活之人大有人在，而陶渊明是最为典型的代表，他的《归园田居》最能说明这种心境："少无适俗韵，性本爱丘山。误落尘网中，一去三十年。羁鸟恋旧林，池鱼思故渊。开荒南野际，守拙归田园。"陶渊明最后一次做官，已经有40岁，他在朋友的百般劝说下，再次出任彭泽县令。有一次，县里派督邮来了解情况，有人告诉陶渊明说："那是上面派下来的人，你应当穿戴整齐、恭恭敬敬地去迎接。"陶渊明听后长长叹了一口气："我不愿为了小小县令的五斗米薪俸，就低声下气去向这些家伙献殷勤。"说完，就辞掉官职，回家去了。陶渊明当这个彭泽县令，不过区区80多天。他这次弃职而去，便永远脱离了官场。而后在家种田养花，无论别人如何推举，他再也未曾出来做官，他觉得，虽然自己现在粗茶淡饭，然而自给自足，悠闲快乐，这才是一个人应该享受的莫大的快乐。

在如今激烈竞争的商业社会中，人们更应该"从冷视热"，"身处世态，心在局外"，以清醒的头脑，冷静处理事态发展过程中的各种问题和各方关系，以平常心安于现状地去面对生活，无论遇到何人何事，只要能做到来了就来了，过了就过了的超然心态，那么自然就可避免灾祸，真正成为“从冷视热，从冗入闲”的旷达之士。

《菜根谭》讲，“不希荣”“不竞进”就是指我们可以超脱了眼前的荣辱得失，最后获得心清如水的人生大智慧。

心灵悟语

得意不自满，失意不沮丧，不因为荣辱兴衰而扰乱淡定心态。他人之恩，自是牢记，他人之过，如过眼云烟。只要拥有一颗安于现状的心，是荣是辱，俱不过风吹云散。

小心，一见“名利”误终生

《小窗幽记》中有云：“透得名利关，方是小休歇。”古今多少豪杰志士，都在“名利”二字上消磨尽了英雄豪气。而作为芸芸众生，又何尝不是如此？升斗小民看不破“利”字，正如英雄豪杰放不下“名”字一般。因此，营营役役，竞智斗才，却不知名利自己到底可保留多久？要来又有何用？

从前，有一个爱幻想的年轻人，有一天，他听说名利是一个年轻漂亮的姑娘，谁能找到她谁就是天下最幸福的人，所以他在心里迷上了名利。他发誓，即使花上一生的时间，也要找到她。

他首先到那些充满智慧和哲理的书籍中去找名利。结果他发现这些哲理书对名利始终持批评否定的态度，而且一直排斥她——名利不在书籍里。

他又到宗教里去找名利。但是宗教宣称，许多幸福，也包括名利在内，都是一个人在死后才能得到的，而活着的时候是应该舍弃的。这也不是他想要的结果。

他又向大千世界去寻找。他每到一个地方，就问：“你们知道名利吗？她在这里吗？”每次人们都回答他：“名利？是的，她来过这里。不过那是很久以前的事情了。她后来又走了，没有人知道她去了哪里。”就这样他用了许多年，找了许多地方，可是每次都得到同样的答复。

于是他转向大自然。他问树、问高山，问森林和海洋，问小鸟和鱼，问走兽和昆虫：“你们知道名利吗？她在这里吗？”然而回答依然令他失望：“名利？是的，她来过这里。不过那是很久以前的事情了。她后来又走了。”

许多年过去了，这个年轻人慢慢老去，但他还在寻找名利。最后，他来到世界的尽头，那里有一个黑暗幽深的山洞。老人进了山洞。等到眼睛适应了黑暗之后，他发现山洞里有一个又老又丑的妇人。一个声音告诉他，眼前的这个妇人就是名利。

虽然非常失望，但他还是凑到她的跟前问她：“我一直在到处找你，开始时我还是个年轻人，现在我已经完全老了。许多人都像我一样盼望着你，对你翘首以待。为什么你要躲着我们，躲着这些热切追求你的人呢？求你了，走出这个山洞，和我一起回到世界上去吧。”名利没有回答他。

老人花了许多天来劝说名利，可名利像哑了一样，始终不搭理他。当老人明白名利从未离开过她隐身的这个山洞之后，他说："那算了，由你去吧。既然你不肯跟我一起走，那我就一个人回去了。但在走之前，我有一个要求：你得给我一个口信，我把它转达给世上的人，好证明我确实找到过你。"

这时，名利，这个又老又丑的妇人，抬起头来，盯着老人的眼睛，一字一顿地说："告诉他们，我年轻而且漂亮。"

原来，名利的真实面目是虚伪和丑陋。

很多人为了名利，一生中和他人争夺厮杀，斗得你死我活，最终发现这些东西生不带来，死不带去，于是在临死前大彻大悟，放弃了那些他们始终无法释怀的观念，得到了临死前的心灵的安宁。

名加于身，满足的是什么？利入于囊，受用的又有多少？人生最大的快乐并非来自名利，而用名利换取来的快乐早早晚晚也会随名利而去。有些人看透了这一点，宁愿求取心灵的自由祥和，而不愿成为名利的奴隶。

在清朝时，北京城有一个著名的艺人，在京城里一个戏班里唱戏。他本来是世家子弟，开始在戏班不过是客串演唱。后来因为他唱戏技艺越来越精湛，大家就都劝班主把他吸纳进戏班，于是他就成了戏班里正式的演唱艺人。

但是他加入戏班不久之后，他有了承袭家里世爵的机会，但如果他仍然是艺人身份，便不能承袭爵位，所以就有人劝他不要再唱戏了，想法谋求别的差事，争取世袭家里的爵位。然而他一点也不为所动，认为不应该放弃演戏来谋求爵位。

有人劝说他：“唱戏职业的地位是低贱的，而爵位的名声是荣耀的。放弃低贱来换取荣耀，本来就是人之常情。”

他却说：“我却为自己是唱戏的艺人而感到自豪和骄傲，并不觉得卑污下贱。在戏剧里，我既可以扮作帝王，也可以扮演将军、大臣。掀帘出场则引得众人喝彩，在社会上的荣耀应该算是最高的了，还有什么可追求的呢？”

那人说：“可是这一切都是虚假的，是扮演出来的，不真实。”

他笑着说：“你以为得到爵位就是真的荣耀了吗？或许我还没有来得及享用，第二天又失去了这个爵位了。”

爱因斯坦曾经说过，一切物质都是波动的现象，都是人类的错觉。在宇宙之中，只存在场和物质这两种东西，而事实上，物质也不过是场的幻化。这也就如同世人眼中的名利，不过是这一世虚妄的错觉，就算费尽心机，钻营半世取得了想要的名利，待得我们百年之后，仍旧不会跟随我们一分一厘。

华人首富李嘉诚，他有很多的哲学理论都非常让人敬佩。

有一次记者问他的儿子李泽楷："你父亲现在已经名利双收，一定教了你一些赚钱与成功的秘诀吧。"结果李泽楷说父亲与赚钱的方法也没有教，记者觉得很吃惊："不可能吧！"李泽楷说只教了他做人处世的道理。记者很生气："他只教给你做人处世的道理，你说说看你是怎么凭借着这些道理成功的，有道理给你登，没有道理不要讲。"李泽楷说："我父亲跟我说，你和别人合作，自然是以赚钱为目的，但是，却要一定把利益放在最后，假如你拿七分合理，八分也可以，那我们李家拿六分就可以了。"记者觉得有些摸不着头脑，这是什么意思？李泽楷笑了："他让别人多赚两分，所以每个人都知道和李嘉诚合作会赚到便宜，所以更多的人愿意和他合作。你想想看，虽然他只拿六分，但现在多了一百个人，他现在多拿多少分？假如拿八分的话，一百个会变成几个人？"

有很多时候，太过于计较名利，反而会因此失去名利。虽然做生意是为了赚钱，可总有一些事情比利益重要，比如诚信，比如名誉。当我们不把利益放居首位，反而会因此获得意想不到的收获。

《庄子·刻意》中说，"众人重利，廉士重名，贤士尚志，圣人贵精"，从众人到圣人的过渡是修为的递增，同时也是人摆脱外物名利束缚的渐变过程。

圣明的人喜欢跟外物和顺而厌恶为自己求取私利；为个

人求取私利，在圣人看来是一种严重的病态。

相传乾隆皇帝下江南的时候，在镇江金山寺问法磐法师："长江每天都有船只来往，繁华热闹，一天有多少船只来往？"

法磐说："只有两条船。"

乾隆问："怎么只有两条呢？"

法磐回答："一条是名，一条是利，长江中那么多船只，只有这两条而已。"

庄子的《逍遥游》中提到一则寓言，说的是尧要让位给隐士许由的故事。

尧对许由说："当日月都出现的时候，我们还点着火把，跟日月争辉，不是很难吗？大雨适时而降，人们还给禾苗浇灌，这不是徒劳吗？先生，你就像是日月之光、适时之雨，我的存在就像火把、浇灌之水，我希望你能接管这片天下。"

许由却说："你已经将天下治理得很好，还要我干什么。我替代你成为天下之王，就是为了名吗？名是实的宾客，实是主人，难道我就为了当宾客而来吗？你可曾听过鷦鷯在深林里筑巢，再大的森林、土地，它所需要的也不过是一根树枝；一只偃鼠在河里喝水，再广阔的河流，它需要的也不过是能填饱它小肚子的水而已。"这就是著名的"鷦鷯巢于深林，不过一枝；偃鼠饮河，不过满腹。"

许由、尧帝也好，借这两个人物阐述自己想法的庄子也好，名利在大智大慧的人面前，永远比不上一顿粗茶淡饭、一瓢解渴之水。也正是放下了对名利的执念，才能更清楚自己想要什么，应该如何专注努力。

心灵悟语

英国有句俗话：凡是一无所求，什么都会有。司马迁说：天下熙熙皆为利来，天下攘攘皆为利往。名与利，人之所求，却也是人之障碍。眼里看到的只有名利，看不到脚下的路，就算走近坑洞也全然不知。把名利放一放，专注自己，找回质朴的内心。

第二章

不平的是心，不是人生

跳出乌托邦，别对生活期望太高

生活中，我们每个人都期望被温柔以待。所以贵人、运气等词汇的出现，往往会让我们心生欢喜。盼望着在钢筋水泥铸就的冰冷城市中，会出现梦寐以求的乌托邦，哪怕如昙花一现，也会助力我们达到难以企及的高度。可现实往往如同美梦醒来的一瞬，令人心灰意懒。与其说生活给了我们太多失望，不如说是我们对生活期望的太高。

在 20 世纪三四十年代，美国的种族歧视还比较严重，黑人处处受到排挤和不公正待遇，在这种情况下，你相信一位出身贫穷的黑人小男孩会取得卓越成就和傲人的社会地位吗？

1927 年，一场洪水冲垮了密西西比河的大堤，冲毁了许多人的家园，并把一个 9 岁的黑人小男孩卷入了河中。在洪水即将吞噬小男孩的一刹那，母亲用力把他拉上了堤岸，小男孩死里逃生。1932 年，这个多灾多难的小男孩小学毕业了，当地阿肯色州的中学不招收黑人，男孩面临辍学。母亲为了能让他继续读书，做了一个惊人的决定，让他到伊利诺伊州的芝加哥读中学！

家里没有钱交学费，母亲只得让他复读一年。为了攒够他的学费，母亲要为50名工人洗衣、熨衣和做饭。第二年夏天，家里凑足了学费，母亲带着男孩踏上火车了，奔向陌生的芝加哥。在芝加哥，母亲靠当佣人供男孩读完了中学和大学。大学毕业后，男孩创办了一份杂志，但最后关头，他却因为没钱付不起邮费，没办法给订户发货。要放弃吗？可是他内心有个声音在说：不能！

男孩求助于信贷公司，对方答应贷款，但要求他拿不动产做抵押。当时，他和母亲生活艰难，唯一的不动产就是母亲分期付款了好长时间买的一批新家具。尽管这批新家具是母亲的最爱，但她最后还是忍痛割爱拿给儿子做了抵押。几年以后，那份杂志获得了巨大的成功。男孩终于有能力回报为他付出了一辈子的母亲：他将母亲的名字列入他的公司花名册，并告诉她算是退休工人，再不用工作了。那天，母子二人喜极而泣。

但好景不长，男孩的事业遭遇低谷，遇到了难以想象的困难和挫折。在一次次努力均告失败后，男孩伤心地告诉母亲："妈妈，我这次真的失败了。"

母亲问他："儿子，你努力试过了吗？"

"我很努力地试过，但都没有用。"

"你真的非常努力吗？"

"我非常努力。"

"那好，那我们就接受这失败。生活永远不会顺风顺水，别指望你付出百分之百的努力就会得到应有的回报，别对生活期望太高，总之我们努力过就足够了。"

母亲斩钉截铁地说。母亲的话给了男孩力量，他接受了失败，以淡定的心情去处理着善后的工作，可没想到他的从容反而给他的事业带来了意想不到的转机，最终，男孩渡过了难关，事业从而登上了新台阶。

后来，这个男孩又创办了一家出版公司，拥有了三家电台。这个黑人男孩就是驰名世界的美国《黑人文摘》杂志创始人、约翰森出版公司总裁约翰 · H. 约翰森。

一个贫苦的黑人男孩，竟能白手起家，成功创业，超越无数白人，取得非凡的成功，这是多么传奇的人生。然而，纵观男孩的成长和创业过程，哪一步不是伴随着困难和挫折，只要放弃一次，世界上就不会有一个这样的约翰森！

奋斗的路上是孤独的，是与挫折共生共存的，只要我们别对生活抱有太高的期望值，就会有勇气去挑战那一条条艰险而布满荆棘的路，最终会坚持到底，享受到成功的甜美果实。

罗尼·奥沙利文，世界著名的斯诺克球手，因击球速度快，打法流畅，如行云流水一般，球迷赠予“火箭”之称。奥沙利文出生在英国，众所周知，英国是足球大国，许多家长从小会培养孩子踢足球，而孩子本身对足球的兴趣也似乎更大些。那奥沙利文又为什么选择了斯诺克这个项目呢？奥沙利文说：“我并不是不爱踢足球，我足球踢得非常好，任何位置都不错。我想我当时之所以不选择足球的原因是，足球在英国已经有了非常完美的运作，而这种过程我想并不适合我，我不想加入到这个流水线并对未来当一名球星充满期望，我怕我期望越高，失望越大，所以我选择了比较冷门的斯诺克。”

奥沙利文在自传中提到，因为小时候四处打球，参加比赛，父亲在他身上投了不少钱。这让人联想到丁俊晖的父亲，当年丁父为了培养丁俊晖还卖了房子。对此，奥沙利文表示，在与丁父的接触中发现，他与自己的父亲有十分类似的地方。“在英国我也经常去丁家吃饭，所以难免会相遇，丁爸爸有时是个严厉的人，就像我的父亲。”奥沙利文说，“我非常不赞同这种孤注一掷地培养孩子的方式，虽然我会为这些父亲的勇气击掌叫好，然而，一旦他们遭遇到失败，那种失望后的落差也是常人难以接受的。”

奥沙利文的个性一直我行我素，他承认自己不是一个好儿子、好男朋友，甚至并不是一个很好的斯诺克选手，但是他却说："我承认我一直做得都不够努力，我没有为了一项专长达到忘我的境界，我始终牢记这只是我的一个身份，或者说是一项工作。因为我不敢全情投入，你们懂的，生活总是在我们猝不及防的时候会带给我们失望，所以，我从一开始就没有对它抱有过高的期望。"

就如同"奥沙利文要退役"的消息似乎从几年前就开始流传，他本身似乎对此事也时常挂在嘴边，让人感觉他对斯诺克似乎并无留恋并且极度厌战，事实是这样吗？奥沙利文这样回答道："我也不知道该怎么说这个问题，其实我对斯诺克的感情很复杂。有时，我确实很爱它，我享受在台上比赛的每一秒；但有时，它对我而言就是一件无比煎熬的事情，因为我知道我对它的期望太高，谁知道哪天它会不会突然给我迎头一击，于是，我就很想要放弃它，去做一些能令我自己身心愉悦的事情。比如长跑、比如高尔夫球等等。"他还说，"我爱车子，更爱与我的孩子们在一起玩。当然，我也一度萌生去当个职业高尔夫球手的梦，但是伍兹给了我致命一棒，他说让我永远不要动这个歪脑筋。我还想去当个金融家，当然那是我投资赚钱的时候，自从赔进去后我也没有再多想。"奥沙利文笑着说："所以，其实我是个造梦者，而且我也会去实践它。我只能说，斯诺克并不是我的全部，所以，我会跳出自己所营造出的斯诺克的王国，找一些更有趣的事情来做。”

王阳明所著《传习录》之所以能在现代依然受到追捧，是因为它用简短的句子就涵盖了做人的真谛，书中认为我们每个人面对世间最大的苦楚莫过于“难得心安”。

心灵悟语

想不开，放不下，跳不出自己内心构建的乌托邦世界，这些成了横亘在人们内心最大的痛楚，太在乎得失，太计较付出，渴望得到生活的回报，结果只能是给心灵带来无谓的煎熬。

看清内心需要，不要为虚荣心苦了自己

虚荣像一面镜子，反射出最美的日光，过后便是永久的黑暗。而我们往往会因为迷恋那一瞬间的美丽，忽视了内心需要，为了那点点虚荣付出了惨痛的代价。给自己一个从容的心态，过自己真心想要的日子，而虚荣像是一件上亿的珠宝，可以用来炫耀，却不会给生活增添一丝接地气的温暖。

有一位朋友，他在7年前和几个哥们一起创业进入软件行业，从一穷二白、3张桌子、4台电脑、5个人，发展到现在，公司有100多人，年销售额超过1个亿。谈起今天的成功，他说今日的花朵全来自昨日的灌溉，而这滋养就来自于那些创业路上出人意料的苦难和磨砺，直至大家彻底消除了那点虚荣，看清楚了自己，才有了今日的成功。

创业伊始，他们开发的软件有一个致命的缺陷，他和另外一位负责研发的工程师曾经连续奋战一个月也没能解决。

在这种情况下，很多人都失去了信心，但他没有，他仍然以满腔的热情投入工作，并且还给这个困难起了一个名字叫作“小菜一碟”。他把这个名字写在旁边的墙上，每当开始投入工作时，他都会开玩笑地说：“开始吃‘小菜’了啊！”其他几个同事也时不时为他们加油：“别着急，不就是‘一碟小菜’吗？”后来，经过连续十几天不眠不休的奋战，他们终于解决了这一问题，把产品中的缺陷当作一碟小菜一扫而光，他们的软件也因此大卖。几个年轻人因此而志得意满，虚荣心爆棚，觉得这个行业对他们这种精英来说，简直就是小菜一碟，而完全忽略了当初做软件的初心。

后来，正当公司发展蒸蒸日上时，他们遭受到了竞争对手的恶意破坏，对手大肆攻击他们产品中因为疏忽而留下的一个小漏洞，给他们造成了极坏的影响，导致公司的销售额直线下滑，甚至有已购买的客户要求退货。一时间，公司四面楚歌，难以为继。

几个人痛定思痛，开始反思，放下虚荣，虚心地去请教他人，这次，他们把这次挫折命名为“大case”。他们从两方面着手向对手发起反击：一方面，他们组织研发力量以最快的速度弥补了产品的这一漏洞，并免费为所有客户进行产品升级；另一方面，他们利用媒体对这次产品升级进行宣传，并攻击对方产品的缺陷。在大家的全面部署、正确决策之下，这个“大case”很快被解决了。

几个人对这次劫后余生很是擦了一把冷汗，于是互相约定，从今天起，重新恢复到工作之初的状态，看清内心需求，再不要被虚荣心击败。从那以后，他们的公司还遭遇过资金链紧张、核心技术人员离职等诸多问题和麻烦，每次他们都会给困难起个名字，比如，“拦路虎”“绊脚石”等，然后斗志昂扬地克服这些困难。不过，他们再也没有轻视过任何困境，也不会再给挑战起一些类似“小菜一碟”的戏谑说法，他们终于懂得，再小的困难如果不能正视，都会给公司带来难以估量的严重后果。

我们每个人的生活和事业中都难免遇到困难和挫折，如果我们不害怕，勇于挑战，困难就会成为一座虚幻的大山，被我们的勇气打败。虚荣比困难和挫折更可怕，看似只是我们内心的一点思想活动，可我们却会因为这一点点虚荣心而把自己送达失败的谷底，最终没有了缓和的余地。

20世纪30年代，一场深重且持久的经济危机席卷了资本主义世界，美国哈里逊公司的经营也出现了困难，但这只是灾难的开始。1933年，一场突如其来的大火把公司的厂房、设备、存货等全部化为了灰烬。

面对从天而降的灾祸，不只管理层，3000多名员工也目瞪口呆。他们估计，公司即使能维持下去，也会大幅裁员，在当时如果陷入失业，命运无疑会非常悲惨。他们只能悲观地回到家里，惴惴不安地等待即将到来的厄运。但出乎大家意料的是，月底时，公司以董事长的名义给每个员工寄来了一封信，感谢他们这些年来对公司所做的贡献，并随信附上了本月工资。

一个月后，正当工人们又开始为生活发愁时，董事长的信又来了，又给他们寄来了一个月的工资。公司在如此艰难的情况下能做出这样的举动，让员工感动得热泪盈眶。他们自发地涌进工厂，有的自己动手清理废墟、重修厂房，有的积极主动地联系中断的业务，每个人都把工作当作自己的事情，不计报酬、不计代价，目的只有一个——尽快让公司恢复运营、挽回损失。3 个月后，在哈里逊公司原来的废墟上矗立起了新的厂房，公司不但恢复了运营，而且业务量大增。现在，哈里逊公司已经成了全美国最大的纺织品公司，其分公司遍布五大洲的 50 多个国家。灾难给了哈里逊公司毁灭性的打击，但灾难同时也催生了奇迹。然而，员工不知道的是，在他们领取工资的背后，还有一场惊心动魄的故事。

原来，哈里逊公司创办数年，有着深远的影响，虽然遭受重创，如果董事局隐瞒灾情，粉饰资金储备，那么，仍然可以在各大银行贷出款项，拯救公司，而不是破釜沉舟地拿出剩余的资金去给工人发工资。否则，一旦客户们得知公司已经入不敷出，失去面子是小，以后都有可能再也无法振兴。哈里逊的创办人否定了董事局的这个说法，他说当初之所以创办公司只是为了能使更多的家庭有就业的机会，并非为了赚多少钱，让哈里逊成为当地的商业翘楚，满足某些人的虚荣心。所以，大难来临时，创办人只是认清了内心的需求，不顾忌面子，不贪慕虚荣，而是想实打实地为百姓做出一点实事，没想到反而险中求胜，最终民心所向，没有贷一分钱的款，反而走出了困境。

一个人越是缺少什么，就越是爱炫耀什么。理想的生活、完美的自己、纯粹的幸福，这些都需要靠着我们脚踏实地地一步步去争取、去奋斗，而不是仅凭着所谓的虚荣心去粉饰太平，那样只能苦了自己，将自己推入万劫不复的深渊。

心灵悟语

真正淡定、内心充满自信的人，根本就不需要借助其他外力——名车、豪宅、首饰、衣服的映衬，那些都只是他的附属品，他真正的价值在于眉宇间的淡定和内心的丰盈。

生命有时尽，生活却无限

“墙角的花，你孤芳自赏时，天地便小了。”作家冰心曾经对我们的人性做出过最细致的描述。生命虽有尽头，然而生活却是无限，与其带着纠结的小心思活在自己的世界里，不如敞开胸怀去迎接生活中的所有磨难以及享受磨难过后那静谧的美。

在英国国家海事博物馆里，有一艘伤痕累累的船。这艘船 1894 年试航，在此后的多年航程中，它曾遭遇 138 次冰山撞击、116 次触礁，还曾 13 次起火，被风暴刮断桅杆更是多达 207 次，尽管遭遇过这么多次灾难，但它从未沉没。英国劳埃德保险公司基于它不可思议的经历及在保费方面带来的可观收益，把它从荷兰买来捐献给了国家。

后来，一个偶然的机会，一位律师在博物馆里看到了这艘船。当时，他刚刚打输了一场官司，委托他打官司的人也自杀了。尽管这不是他第一次打输官司，也不是第一次遇到委托人自杀，但他的心还是蒙上了一层浓重的阴影，为了排解负罪感和挫败感，他选择了旅行。

律师看到这艘船后大受震撼，跟这艘船在海上经历的无数灾难相比，自己的这点失败算得了什么？委托人在生意上的失败又算得了什么呢？后来，这位律师把这艘船的经历抄下来，连同船的照片一起挂在他的律师事务所里。此后，他每接一桩经济案子，都建议委托人看看这艘船，并告诉他们：船在大海上航行，没有不带伤的。这艘伤痕累累的船，为什么还要航行？原因很简单，它是一艘船，生来就是为了乘风破浪！它的梦想并不是停靠在港湾里等待腐朽，所以每一道风雨留下的伤痕都是对它最佳的褒奖。

我们在走向自己既定目标的时候，总会遇见这样或那样的阻碍。每当这时，悲观、失意往往成了我们的拦路虎、绊脚石。纵观成功人士，他们都有一个让人敬佩的优秀品质，那就是尊重生命，享受生活。无论是什么样的打击，都不会伤及他们的心灵，干扰到他们的情绪。“喜怒不形于色”这句耳熟能详的话，有的时候说的并不是让人遇见什么事情都不要“七情上面”，而是在告诫大家“胸有激雷，面如平湖”方能成其大事。

邓亚萍在世界乒乓球大赛中多次为中国赢得了无数荣誉，

树立了中国乒乓球业绩的一个里程碑。当人们在赞叹邓亚萍取得的成就时，谁又知道邓亚萍经历了多少挫折、战胜了多少困难呢?

邓亚萍从4岁开始就学习乒乓球，几年后技艺超群。在她8岁时河南省集训队招新队员，邓亚萍满怀信心地报名参加，却因为“个子太矮”没有被录取。在实现冠军梦的道路上，这样的打击几乎是致命的。被否定之后，邓亚萍虽然难过，但没有灰心，继续坚持自己的梦想。后来，邓亚萍如愿进入了郑州市乒乓球队。在艰苦的训练中，她经常因为无法在规定时间内跑完3000米被罚，因此不被教练看好，失去了很多参加比赛的机会。但是邓亚萍并没有沮丧，而是更加坚定了奋斗的信念。她顽强地坚持训练，绑着沙袋练习跑步，球技训练也总是超时。

有的时候，只要我们够坚持，生活总是会许给我们无限的可能，甚至可以超越人体生理带来的限制。经过几年顽强拼搏，邓亚萍取得了巨大的进步，逐渐在球队中崭露头角，并最终代表国家队出征世界乒坛。当这个小个子的中国女孩屡次站在世界领奖台之上时，人们赫然发现她曾经的劣势成了优势，她经历的磨难成就了她。

无论生活变成什么样子，我们总有办法让自己坚强起来。只要我们还活着，就要庆幸自己还有生存的理由和权利，未来也就有着无限的可能，所以我们无论遇到任何挫折，只要调整好心态，淡定从容地去迎接挑战，就一定能不辜负有限生命中的每一分，每一秒。

1844 年，有线电报诞生了。然而，远隔重洋的欧亚及美洲大陆的人们之间却依然无法享用这一先进的科技成果。年轻的企业家菲尔德看到这一切，感觉到胸腔有一团火在燃烧。没错，就是那个叫作使命与梦想的东西。于是，他决定挑起这个重任。

为此，他投入了所有财产购买了两艘战舰，开始铺设海底电缆。他每天从早忙到晚，有时候连吃饭的时间都没有，看着电缆一天天向前延伸，菲尔德心里很高兴。可就在这个时候，不幸的事发生了，一夜之间，已经铺设的电缆全部消失不见。菲尔德并未气馁。第二年，他再次出发。不过，四天后他和同事们就遇上了风暴，铺设的电缆再次消失得无影无踪。菲尔德越挫越勇，开始了第三次出航。这次海底电缆终于铺设成功了。然而，没过多久，电缆却又莫名其妙地中断了信号，使得很多人都骂他是骗子。这一次的挫败对菲尔德的打击颇大，但他还是顶着误解，这样孤独地等待着，前行着。

6 年后，当人们已经开始遗忘这件事时，菲尔德第 30 次远渡大西洋来到伦敦，重新购置巨轮，又开始了铺设电缆的征程。这一次的出航依然没有想象中那么顺利，也经历了两次失败，但在1866年，他终于将美洲和欧洲的海底电缆连接在了一起，使得天涯变成了咫尺。

人的一生要经历多少磨难，并没有印制好的时间表去供我们参考。一次失败不代表永远的失败，只要我们相信生命虽有尽头，生活却会给我们无限可能，坚信只要还有必胜的信念，只要没有放弃，我们就必将走向成功。

曾经有个人出生在大富之家，真的像是坊间所说，是含着金汤匙出生的孩子。当别的孩子为了要一辆电动的玩具车而号哭不止的时候，他已经有了两屋子排列整齐的玩具。就这样，幼儿园、小学、中学，直至大学，他都过得顺风顺水。但后来，他父亲因一场意外的经济纠纷导致家族企业破产不说，自己也锒铛入狱。而他的母亲除了哭泣，再没有了别的办法。他一瞬间从太子爷的身份，变成了一无所有，就连家里的房子也抵押给了银行，被收走了。当时的他万念俱灰，连轻生的念头都有了，他选择了几种自杀的方法，可都下不去手，于是，他搭乘了一辆出租车，想要去他们城市最大的一条河边去想想怎么个死法。

上了车，出租车司机偏偏是个多话的人，居然如数家珍地把他的衣服、包包、手表的牌子逐一报出，甚至价格都了如指掌。他的心情已经败坏到极点，没有回应司机一句。下车的时候，司机没有接他递过来的钱，拍拍他的手说，小伙子，我是你爸爸朋友，他悚然一惊，仔细看，果真是爸爸当初的合伙人。那人笑着说：小伙子，人处在什么环境都不重要，重要的是自己是不是努力了。我这个老头子都没轻言放弃，你还这么年轻，以后的路长着呢。简单的几句话，让他想了很久，从此振作，靠自己的努力，和妈妈过上了虽然普通，但衣食无忧的生活。

“夫天地之间，物各有主……唯江上之清风，与山间之明月，耳得之而为声，目遇之则成色。取之无禁，用之不竭。”这是《前赤壁赋》中所言：天地之间，凡物各有自己的归属。江上的清风，以及山间的明月，这是造物者的恩赐。这正如我们的生命，我们没有能力控制它的长短，我们却可以在有限的时间中，创作出更有质量的生活。

心灵悟语

人生苦短，尽管不如意事十之八九，何必非要在这“八九”上纠缠？与其痛苦一生，不如快乐成就每一天。

看淡财富，学会潇洒地穷开心

对于一个有欲望且不知满足的人来说，天下没有一把椅子是舒服的。欲望就如同一团熊熊烈火，柴放得越多，火烧得越旺，人就越有添柴的冲动。于是，人便奔来奔去、忙里忙外，难有停息的时候。

正如《菜根谭》中所说："天理路上甚宽，稍游心，胸中便觉广大宏朗；人欲路上甚窄，才寄迹眼前，俱是荆棘泥涂。"人只有减少欲望，看淡财富，才能轻松上阵，才能活得淡定、洒脱。

两位朋友共进午餐，朋友甲不断感慨，现在自己活得不如工厂里的打工仔云云。乙说："你得了吧，一个月收入小两万，居然说不如月收入两千多的一线工人，谁信呢！"朋友甲给乙看了他的手机聊天记录，乙才发现他说的真的没毛病。手机上显示了他的亲人聊天群，都是他的七大姑八大姨表兄弟姐妹等。聊天内容大概就是其中一个人A说他最近工厂活少，没有加班，工资低，一个月大概一千多，不到两千多的样子，准备换一个新手机。另一个B也说自己工厂现在淡季，也只能发基本工资，也想买一个新手机。A很快回复早就看上一款新上市的手机了，说性价比不错，想买，但是要3000多块，自己手头钱比较少，正在想办法买。于是群里就有人开始讨论哪款手机好用，哪款卖得好。

甲其实心里知道，群里面的那些亲戚朋友都是在工厂里打工的一线普通工人，月收入好的话也可以拿到三四千元，前提是加班比较多的情况下，都没有甲的工资高。甲一个月的收入可以抵上他们一个人几个月的收入。但是甲很委屈地说，他每次看到大家在讨论买新款上市手机，或者买衣服时都不敢在群里说话。乙不解，问为什么？按理说不应该这么做呀？甲说看那些人可以毫无顾忌地拿两个月的收入去买一款新上市手机，觉得自己过得好寒酸。甲接着说道："我一个月收入两万，到现在都没有敢买一个4000多块钱的手机，他们过得可真潇洒啊！羡慕啊！"朋友乙看到甲有着这种心态，不禁在心里为他唏嘘。甲虽然赚得很多，可是他却从来不敢乱花一分钱。也许是从小经历过苦日子，所以甲把钱看得很重，重到好像钱不是用来消费的货币，每花一分钱对他来讲，都是痛楚。他就那么死死地守着钱，为此不惜在公司得到铁公鸡的外号，也因此众叛亲离。更令人费解的是，他也没用钱给自己换来舒适的生活，到了最后，他已经忘记了攒钱的初衷，只是知道银行卡上的这一串数字比他的命还要重要。自此，他成了财富的奴隶，终生为积累财富做着苦役。

生活总是在遵循某种法则，这些法则的根本就是做好自己，可是“五色令人目盲，五音令人耳聋，五味令人口爽，驰骋畋猎，令人心发狂”，人生中每多出一分欲望，我们的心便会失去一分本真，人生便多出一层屏障，这时候，我们应该学会割舍掉那些容易令人误入歧途的欲望，就好比我们对财富的执念。

张中行是一位人生哲学家，以其顺生论哲学和诸多意趣丰盈的散文而闻名于世。生于1909年，辞世于2006年，享年97岁。可以说张老以自己的人生哲学观念创造了学问的奇迹，还创造了生命的奇迹。

曾经有人问张老的养生之道，张老坦然回答道：“我没有什么养生秘诀。要说有的话，就是我这一辈子，一不想做官，二不想发财，只是一门心思读书做学问。除此之外，我别无他求。”

张老就是这样一个普普通通别无他求的人，季羡林先生曾称张中行为“高人、逸人、至人、超人”，而张老说：“我乃常人，就安于常态。”一种平常心使得张中行走过了风风雨雨的九十多年。

尽管张老先生大半生“伤哉贫也”，但他既不轻视钱，也不奉行拜金主义。他一生都安于过着朴素日子，但他过得潇洒轻松，谁能否认他是一个极为富有的人呢？

古人讲，应该把自己对财富的欲望减少再减少，从栽花种竹中培养生活的情趣，这样生活中就会少一些烦恼和忧愁；应该把生活的琐事忘记掉，焚几缕清香，煮一壶好茶，甚至不必问在一旁侍候的白衣童子是谁。

张中行先生就是这样一个深得古人之乐的人，他无欲无求，安于常态，一门心思做学问，虽然生活得清贫一些，但是却拥有旁人难及的潇洒轻松。

心灵空虚、贪欲满腹之人，即使家财万贯，也未必能够快乐，因为他们不懂知足常乐；只有当他们舍弃了欲望，懂得贫富皆是福，才能摆脱痛苦的泥淖，享受生命的自在与欢乐。如果人们能够无欲无求，看淡名利，那么世上争名夺利之人自然渐少，世人争名夺利之心也自然渐淡。

台湾前首富、台塑企业集团创始人王永庆，虽然在美国走完其传奇的人生，然而从一个小米店的老板到台湾首富，王永庆不可思议地打造了一个庞大的商业帝国，成为台湾经济腾飞的一个标志性人物。如果评选商界传奇人物，香港首推李嘉诚，台湾首推王永庆。纵观王永庆的传奇人生，如果我们只盯住他的“有钱”，那不过是徒有羡慕而别无所获；如果我们能够看到金钱以外的一些东西，那么颇能汲取一些人生财富。

王永庆身上具备一种非常难得的品质，很值得包括为商者在内的所有人学习，那就是看淡财富。王永庆开米店时，店小利薄，竞争激烈。他不嫌麻烦，把大米中的糠石杂物拣得一干二净，他的上门服务十分到家，直接把大米放入顾客的米缸之中。一个利润微薄的生意，竟能不惜成本和麻烦，进行如此周到的服务，奉献给顾客高质量的产品，非常人所能为。正是这种经商精神，才使其生意壮大，并始终立于不败之地。反观有些商人，眼睛仅仅盯着短期利润，以掺杂使假、占顾客便宜为乐事。这样的商人可获一时之利，但永远难以成为大商人。王永庆有钱，但很简朴。一次，有人见他沏咖啡时，竟然用水涮残留的咖啡，以免浪费那点残留物。他有一句名言：省一元钱就是多赚一元钱。但是，他绝对不吝啬。汶川地震后，他曾捐了一个亿。此前，他也曾捐巨资在大陆兴建希望学校，而无一所学校以其名字命名。

有的人奔波劳碌，也只为了财富与地位。星云大师曾说：“人们名利缠身，陷入你争我夺的境地，快乐从何而来？一整天心事重重，做梦都半夜惊醒，老疑神疑鬼，荫翳不开，快乐又怎么会与你有缘呢？更有甚者，在名利的束缚下，个人无法尽情地自我发挥，背着名利的压力注定不能走远。”

财富对于一个人确实很重要，但无论何时何地，人不能为财富所累。既重视财富，又看淡财富，该世俗时世俗，该超脱时又超脱。

心灵悟语

人支配财富，而不是财富支配人，这才是正确的财富观。如果做到这个境界，也许更容易得到财富。

对的人生，从改变错误的自己开始

改变人生的第一步，就是从改变自己的错误开始。

无论我们的错误是从什么时候开始的，重要的是发现之后能立即终止。无论我们的错误已经铸成怎样的后果，重要的是竭尽所能地去弥补挽救。人生在世，没有人会不犯错，主动改错才应该是我们积极的人生态度。

朱迪的父亲是一家小型贸易公司的策划经理。朱迪 15 岁那年，拿着写有两个“D”的成绩单回到家时，父亲正在努力研究一个项目的可行性。朱迪战战兢兢地将成绩单放在父亲的眼皮底下。父亲只是看了一眼，就转向了他的儿子。朱迪的眼睛躲闪不及，赶紧望向别处。父亲的目光变得十分深邃，仿佛能够直接看到朱迪忐忑不安的内心深处。父亲开口问朱迪道：“这是你满意的结果吗？”朱迪轻声地答道：“当然不是。”父亲叹口气，停顿了很久才问道：“那究竟是什么原因导致了这两个‘D’赫然地标记在这里？”朱迪说：“因为我不够优秀。”父亲说：“这并不是问题的本质，问题是你已经意识到自己不够优秀，却没有想过立即改变，莫非你想着这些‘D’可以自己变成‘A’吗？”朱迪哑口无言。

这一场谈话没有朱迪想象中的暴风骤雨，然而也并不轻松。他隐约地感觉到某种潜在的力量，促使父亲正准备和他进行一次长谈。而他当然知道自己为什么得到了这样的成绩——就是自己过于贪玩，但他却无法停止贪玩。轮滑和滑板，还有朋友杰西的赛车，哪一样都比学习来得有趣，自己实在是无法克制。

果然，父亲开口说：“朱迪，人的一生，当然不是自己想做什么就做什么。人需要有实现自我价值的时刻。就像你得了两个‘D’，你羞于开口对我说，而如果你取得的是两个‘A’，那么你一定会得意地举着成绩单，并且带着骄傲的呼喊来找我。这就是简单意义上的成功，是对于作为学生的你来说的自我价值。而你，却没有取得。

“你的失败在于极差的控制能力，在于你已经意识到自己的弱点，却不肯给予修正。如果在玩了2个小时之后，你能够告诉自己，应该立刻回到书桌前，控制好自己的行为，你觉得得个‘C’或者‘B’，甚至是‘A’，是一件很难的事吗？对于你来说，难的只是立刻改变不满意的自己，立刻控制住自己的执行力。”

朱迪已经满眼含泪，悔恨和懊恼之情早已充斥内心。他几乎想立刻就改变曾经那个令人厌恶的自己，因为他明确地知道那些玩耍的时间根本不会让“A”主动出现在自己的试卷上。经过与父亲的一番谈话之后，朱迪每当玩到无法控制的时候，父亲的话就如同警钟一般在耳边响起。他会立刻放下欢愉的一切，迈步走向书桌，摊开书本学习。尽管开始的时候脚步沉重得如同灌铅，但是，他也时刻告诉自己，不能让自己的一生都伴随着“D”。“改变不满意的自己，才能成为更好的自己”，这也成了朱迪的座右铭，他牢记于心。在接下来的学习生涯当中，朱迪都是以“A”的成绩单交予父亲。那份轻松自在，那份骄傲自得，是朱迪最喜欢的内心感受。当然，朱迪不会忘记那两个“D”换来的父亲的一顿教训。后来，朱迪成了一名出色的律师。当有人问起朱迪如何一路都如此优秀时，朱迪说，秘诀既简单又不易，那就是在知道自己犯了错的时候要及时改正，只有立即改变自己的错误，才会有对的人生。

我们很容易发现我们自身犯了怎样的错误，只要立即改正，那么就等于成功清除了人生道路上的绊脚石。改错看似容易，实行起来却非常艰难，因为人的自控能力和自持能力常常受到大脑中一些其他因素不自觉的牵引，贪图一时的安逸和虚荣，掩盖小错误，得过且过，是常有的事。所以从现在起，立刻去改变犯了错的自己，对的人生才能带给我们真正的成功。

有段时间，纽约的物价管理委员会监察得很严，对所有石油公司卖给每一个顾客的油量的准确性都有严格的要求。可是，有一个石油商人的公司内部却出了点小纰漏。有一些运货员克扣卖给顾客的油量，然后再把偷省下来的油卖给其他顾客，谋取私利。

当然，这个石油商人并不知道这些猫腻。有一天，有个自称政府调查员的人找到石油商人，向他索要红包。那人说他掌握了该石油公司运货员舞弊的证据，如果石油商人不破财免灾，就要把证据转交给检察官，让他的公司破产。石油商人调查了一番后，发现公司内部确实有这种不法的买卖，他吓坏了。石油商人连续三天三夜吃不下、睡不着，一直苦思冥想怎么解决这件事情。他是该花一笔钱行贿，还是不理那个人，任由他把对自己不利的证据移交法院？他不知怎么做才能圆满解决这件事情，真是愁坏了。又过了几天，他终于决定了——去见地方检察官！他把整件事情的经过原原本本地告诉了检察官。结果出人意料。地方检察官非但没有惩罚他，反而对他说，这种勒索的案子他已经接了好几起了。那个自称是政府调查员的人，实际上是个通缉犯。至于员工克扣顾客汽油的行为，由于石油商人并不知情，因此可免于处罚。听了这番话，石油商人大大松了一口气。石油商人发现了工作中出现的错误，并及时地去改正错误，而不是试图掩盖，导致一错再错，最后反而为自己迎来了转机。

林语堂在《生活的艺术》一书中告诫我们：假如你能接受最坏的情况，在心理上，你就能发挥出新的潜力。有时候，我们低估了错误带来的可能性和破坏力，结果把自己陷入不堪的境地。其实知错就改并不可怕，可怕的是我们没有那份改错的勇气。

心灵悟语

掩盖错误不仅对解决问题无益，还会干扰我们的判断，让我们丧失理智。而鼓起勇气去改正错误，我们才会发现，一切也许并非我们想象的那么遭。

幸福，是靠自己撑起来的

幸福很顽皮，它经常在我们没有任何期待的情况下出现，却又在我们刻意追求时消失。这也许就是我们常常抱怨幸福难以把握的原因。幸福其实只是一种感觉，如果我们认为自己是幸福的，那我们就是幸福的。如果我们认为自己是不幸的，那我们就是不幸的。所以，幸福感不能依靠任何人给予，只能靠我们自己支撑起来。

曾经的著名好莱坞演员、前美国加州州长阿诺德·施瓦辛格，有着十分健硕的体魄，曾经获得过“世界健美先生”的殊荣。但他在年轻的时候，却是一个瘦削的少年，并且时常遭到小伙伴的嘲笑，那时的他觉得自己一点都不幸福。

在某一个夜晚，当他看到自己羸弱的躯体时，施瓦辛格决定改变自己。他下定决心练习举重，每周三次出入体育馆。此外，他每天在家中也会苦练几个小时，直到力气耗尽。后来，施瓦辛格凭借电影中出演的身手不凡的角色，一度成为电影史上票房最高的电影演员、娱乐圈中最富有的人物之一。电视台采访他时，他说：当我还很瘦弱的时候，我为了增加自己的幸福感，甚至做过讨好他人的举动，这让我非常沮丧，可是有一天，我发觉让我不幸福的原因是我的身材，那么，我完全可以靠自己的努力为自己赢取幸福。对于这一点我是如此有信心，所以我根本不介意多去几趟健身房、多练习几个小时，因为这都是在等待那个最好的我的到来。

虽然没有人敢于否认施瓦辛格的努力，但很少有人看到他对幸福的追求。这份追求虽然饱含着汗水和孤独，当别人吃着汉堡、喝着可乐，躺在沙发上看电视的时候，施瓦辛格却在健身房等待着那个健壮的自己到来，而他也终于等到了。

当我们在羡慕他人如此幸福的同时，我们也许忘记了一件事情，幸福不是买彩票，会突然而至，因为这种概率相当于一颗小行星掉落突然砸中了我们的头。但凡在我们眼中收获到幸福的人，无外乎更善于发掘自己的长处，如同施瓦辛格，百般的锻炼，等待的也只是不远处显而易见的幸福。所以，当我们坚定幸福是靠自己支撑的信念，相信不久的将来，一定会收获到一份属于自己的幸福。

1809 年，在美国一个清贫的农民家庭里，一个叫亚伯拉罕的男孩出生了。他从未享受过真正的童年，从小就包揽了家里很多重活。因为家里贫困，男孩没有得到良好的教育，反而为了维持家计，在少年时就外出做工，吃了很多苦。来到新的城市，男孩并没有固定的工作，靠四处打工养活自己。尽管天天都要辛苦地劳作，但是男孩一直都保持着爱读书的习惯，因为他不甘于眼前的生活，而他深知要改变这一切只有靠自己。所以，不管工作有多辛苦，他总是抓紧一切时间补充自己的知识，通过孜孜不倦的自学，他成了一个博学且充满智慧的人。

好日子没过多久，在获得一份安稳工作的几年后他就失业了。虽然很伤心，但是男孩没有气馁，反而下定决心要从政，可惜第一次竞选就失败了。在别人的眼里，一年连续两次的打击让男孩很痛苦，可是男孩却告诉自己：至少我尝试了，我就是幸福的！男孩拿出自己所有的积蓄，开办自己的企业，可是经营不到一年，这家企业就倒闭了，还为他带来了巨额的债务，让他在此后的 17 年都为了偿还债务而四处奔波，历尽苦难。

男孩重整旗鼓，再次竞选州议员。在公开演说时，他大胆地抨击了当时的黑奴制度，并且提出了一些发展公众事业的建议，在公众中有了影响，再加上他杰出的人品，终于成功当选。生活看似有了转机，让男孩重新燃起了希望。可是一年后（1835 年），就在他结婚前夕，他深爱的未婚妻离世，这件事极大地打击了他，让他病了数月，并且因此患上了精神衰弱症。当他感觉身体终于好了一些时，他决定竞选州议会议长，失败了；又参加竞选美国国会议员，同样以失败告终。

面对自己一次次的努力，换来的却是一次次失败，很多人遇到这样的情况可能都会放弃，可是男孩并没有，反而更加坚定信念，继续默默地努力。终于在 1846 年，男孩在第二次竞选美国众议院议员时顺利当选。在两年的任期里，他尽职尽责地完成自己的所有工作。在任期快结束时，他认为自己作为国会议员的表现是很出色的，决定争取连任，并且相信选民会继续选举他。但结果却很让他失望，他再次落选。

因为这次竞选他赔了一大笔钱，此时已经人到中年的亚伯拉罕想要申请当地政事务办公室专员，可是申请却被州政府驳回，他们还敷衍他说："做地政事务办公室专员要有卓越的才能和超常的智力，你未能满足这些要求。"失败接踵而至，亚伯拉罕却没有服输，而是继续朝着既定目标努力。在接下来的几年中，他竞选参议员失败了；竞选美国副总统提名，选票在本党排名第二，又失败了；又一次竞选参议员，结果还是失败。尽管如此，亚伯拉罕却从未放弃自己的人生目标，他为之坚持不懈地奋斗着，并且告诉世人："我不一定会胜利，但定会真诚行事；我不一定成功，但会保持一贯的信念。”他的坚持终于换来了回报，在 1860 年 11 月，他以 1866452 票的成绩当选为美国第 16 任总统。他的全名就是亚伯拉罕·林肯。

河蚌忍受了沙砾的磨砺，坚持不懈，才孕育出绝美的珍珠；顽铁忍受了烈火的考验，坚持不懈，终于炼成锋利的宝剑。如果屡次失败后，林肯就因此而放弃，那么不仅美国会少了一位伟大的总统，而且人类的历史也会因此而改变。

心灵悟语

当我们心底里坚定了怎么做，做什么，会让我们感到幸福，那么，就勇往直前地去实行，我们要坚信，坚持到最后，一定会收获到自己想要的幸福。

老生常谈的是时间，它能治愈一切

时间是世间最好的良药。很多时候，我们以为迈不过去的槛，一段时间过后再看，也不过是过眼云烟；我们以为撑不过去的岁月，时间滴答，再回首，一切云淡风轻。时间最大的魔力就在于让我们在面对一切已知的和未知的困难都不必担心，莫名地相信它会给一切事情一个最美好的答案。所有没能打败我们的东西，都将使我们变得更加强大。时间也是，它没能打败我们，便会给我们救赎，治愈我们的一切。

在古老的西藏，有一个叫爱迪巴的人，他的房子周围和土地边缘，已经被踩得十分坚硬。因为爱迪巴的脾气实在不好，而且他还有个习惯，每次要和人起争执的时候，他就飞快地跑回家去，绕着自己的房子和土地跑三圈，然后坐在田地边喘气。爱迪巴干活非常勤快，随着一年年的奋斗，他的房子越来越多，土地也越来越广，但是他的习惯仍然保留了下来，只要与人争论生气，他还是会绕着房子和土地跑三圈。人们对他的做法感到不解，但是不管怎么问，爱迪巴都不愿意说出原因。也有人学他那样在自己的房子、土地周围或爱迪巴的房子、土地周围跑三圈，但没有任何收获。直到爱迪巴很老了，他已经拥有了很阔气的房子和众多的土地。

有一天，他又拄着拐杖艰难地绕着土地转，好不容易走完了三圈，太阳都下山了。孙子心疼地问他：“阿公，您的年纪已经这么大了，而且您的土地也很多，怎么还像从前一样，一生气就绕着房子和土地跑呢？您为什么这么做呢？”爱迪巴面对孙子的不解，终于说出了其中的原因。年轻时，他火气太大，如果与人发生争执，后果肯定不堪设想。于是，他告诉自己，给自己点时间，绕着土地跑三圈，如果自己跑完了依旧生气，那么，自己就去找对方决斗。可每次跑完三圈，时间过去，他的气竟然就消了，于是他就会更加努力地干活。

书法家于右任曾经写一副对联，上联是“不思八九”，下联是“常思一二”，横批是“如意”。俗话说，人生不如意十之八九。一生之中，我们总会遇到这样或那样的不如意。若常思这些不如意之事，必会导致心中不满，烦恼丛生。一旦烦恼纠缠，生活中就再难有清静之心，也无快乐可言了，人生还有什么乐趣？所以我们能改变的只有态度——不想八九，常思一二。苏轼诗云：“人有悲欢离合，月有阴晴圆缺，此事古难全。”将所有不快交付给时间，待得他日回眸一看，一切早已如过眼云烟。

1647 年，谈迁耗费了 26 年，六易其稿才最终修成的《国榷》一书，竟然被窃贼偷走，从此不知所终。谈迁并没有放弃，而是重拾翰墨，从头写起，又用了 4 年的时间，终于完成新稿，并反复修订，最终《国榷》这本史学巨著得以流传于世。书稿失窃的那一年，谈迁已经 53 岁了。但是他并没有沉浸在气愤和抱怨之中，而是选择重新开始一字一句地去撰写这本书。有人问他：“难道你就不生气吗？”谈迁说：“我正是因为生气，才选择去做我最爱做的事，沉浸在时间里，会让人忘却所有的不快，那我何乐而不为呢。”

有一位哲人曾经说过，想要拥有快乐的人生，从放过自己开始。很多的不快乐，貌似是外界加给我们的，但仔细想一想，居然全都是自找的。我们不肯让自己走出心情的阴霾，不肯让自己跳出他人的评价，只是在自我羁绊的泥潭之中苦苦挣扎，这样的人生又怎么会快乐，又如何取得属于我们的成就呢？反之，我们放下纠结的心情，将一切交给时间的大手去摆平，自己仍旧去做自己喜欢做的事，回过头来，我们会发现，我们不但会小有所成，而当初怨怼的人与事也早被时间治愈得再无一丝伤痕。

有一个中年人每天要应付很多事情，工作上的、朋友间的、家里的，他觉得生活太沉重了，压力非常大。苦恼的他想从困境中解脱出来，于是去咨询一位智者。智者听了他的诉说，给他拿了个背包，然后指着门前的路对他说："我们顺着这条石子路走，每当你看到自己喜欢的石子，就把它放进背包里面。"

中年人随着智者慢慢地在路上走，并且将喜欢的石子放进背包里面。随着时间的推移，走到一半路程的时候，他已经装了半包漂亮的石子。智者问他："现在你有什么感受？"中年人说："越往前走，让人喜欢的东西越多，背包也就越来越沉重。"智者捋了捋银白的胡须，微笑着说："是啊，其实人生就是这样，每个人刚来到这个世界上时，背包里面都是空空的。随着年龄的增长，我们拥有的东西也越来越多，亲情、爱情、友情、工作、家庭、荣誉、金钱、幸福等，随着路越走越长，背包里的东西也就越来越多，所以我们会感到压力越来越大。"中年人问："那我怎么做才能减轻负担和压力呢？"

智者微笑地看着他，回答道："你现在背着这么多石头，走了这么久，你可曾感受过一点压力没有？将来无论你有多么沉重的压力，请给自己一些时间，当时间如白驹过隙，你自会察觉，你当初的压力也许就是你如今成功的动力。"看着智者深邃的目光，中年人无言以对。

人的一生其实有的时候很简单，可有的时候又显得过于繁杂。所有的纷扰总结起来只是一句话，“世上本无事，庸人自扰之”。我们只管朝着前方努力前行，将一切不如意事交付给时间，斗转星移，当时光远去，我们会发现，心里的伤痕早已经被时间治愈。

心灵悟语

摆脱掉纠结的情绪，淡定自己的心态，久而久之，时间自然会给我们一个满意的答复。

爱和温暖并不遥远，就藏在简单的关心里

台湾作家林清玄在阐述“人生之美”的时候曾说过：“爱和温暖可以减轻许多人生的重担。”就如同闪耀的钻石与一碗热腾腾的素面，看似毫无瓜葛的两样东西，但如果是亲人在我们最疲惫的时候轻轻放在手边，简简单单的素面所给予我们的温暖，就连天价的钻石也会相形见绌。爱和温暖其实并不遥远，就藏在简单的关心里。

杨先生是一家企业的老板，他每天都忙得像个陀螺，似乎永远没有停下来的时候。有一次，一个朋友邀请他到一家茶楼聊天。杨先生一见到朋友，几句寒暄后就谈起了工作。他说市场竞争太残酷，自己时时担忧；他抱怨下属和同行，让他简直要崩溃。朋友建议不谈工作，只聊聊天。杨先生却惊讶地问：“不谈工作还有什么可谈的？我现在的时间宝贵着呢，一分钟恨不得当两分钟用！”结果原本快乐的休闲时光，

却被杨先生不停地诉说工作烦恼而打乱。

朋友问杨先生："你最渴望什么？"他说："我最大的渴望就是能回家喝碗粥。"

因为他整天忙碌，很少有时间回家和家人一起吃饭。他的大儿子都快高中毕业了，他却连老师的名字都不知道。他经常挂在嘴边的一句话就是："我真的不想干了，可是我必须撑下去。"杨先生就是这样整天工作，明知没有乐趣也不停地往前冲。用他自己的话说，"我就像卖给了这家工厂"。更让杨先生苦恼的是，他这么苦爬苦做却并不能让家人感到温暖，甚至家人之间的关系越发得疏离，杨先生好几次都仰天长叹，满腹委屈。

杨先生的妻子见丈夫太累，于是安排了一次旅行，杨先生见小儿子口渴，却拧不开矿泉水瓶，于是，他接过来，为小儿子拧开水，递给了他。小儿子诧异地看着他，眼圈慢慢红了，小声地说："爸爸，你现在这么对我，我觉得好幸福。"杨先生如遭雷击，他突然懂了，再多的财富并不能让家人感受到亲人之间的关系，反而是最细微的一些琐事，会让他们看到自己对他们的爱。

旅行归来，杨先生一家人之间的关系亲密了许多，杨先生也尽量减少工作量，抽时间跟家人吃一餐饭，或者是送小儿子去上学。儿子软软的胳膊搂住他的脖子，轻轻地亲吻他的脸颊，杨先生不禁感叹，爱和温暖其实并不遥远。

我们不能走得太快，因为我们不是飞鸟、不是野兽、不是天使，我们只是平平凡凡的人。我们需要朋友、需要欢乐、需要幸福。我们应该停下来，给自己一点时间，体味生命的热闹与荒凉，欣赏苍穹之上的辽远与空阔，享受平常的小小幸福。

从前，有一个小秀才，因为父亲是商人，家境殷实，所以他从来不考虑生活问题，总是有什么想要的就买，经常和朋友们喝酒寻欢，花钱毫不顾忌。

商人看到儿子虽然能读书识字，却完全离不开家里，担心自己将来有什么不测，儿子不能独立生活，就开始注意培养儿子的自立能力。用现代的话来讲，他开始了一场为儿子“断奶”的苦肉计。他把家里的仆人统统驱散不用，自己也开始粗衣素食，对儿子痛哭着说：“咱们家现在已经没有钱了，父亲投资失败，还欠着别人一大笔银子，以后，爹连你的衣食都保证不了了，你自己照顾自己吧。”秀才听了大惊失色。见父亲那么伤心，他急忙安慰父亲不要难过，说自己也长大了，以后就让自己来赚钱养家。

秀才为了能振兴家业，付出了很多的努力，也吃了不少的苦头，商人的老婆看到儿子付出了这么多，提醒商人说：“既然孩子都已经学好了，咱们还是告诉他实情吧。”商人则表示，等观望观望再说。

最终秀才在自己的努力下，让家人都过上了好日子，在他为商人举办的寿宴上，商人兴奋之下，说出了实情，当时众人哗然。皆说商人的不是，说哪有这样的父亲，瞒着自己的家产，让儿子如此辛劳奔波。在众人的弹劾下，商人也觉得自己的做法有些过激，他紧张地看着儿子。没想到，秀才笑着说："我其实早就知道了事情的一切真相，之所以没有说出来，一是感怀父亲的用心良苦，二也是为了成全父亲，想做出个样子来博得父亲欢心。"

商人激动落泪，众人也纷纷赞许秀才是个有大孝心的孩子。秀才却表示，跟父亲对自己的大爱比起来，自己只是做了些微不足道的小事，可就是这小事，却让饱经风霜的商人感动到潸然泪下。

我们经常会有一种体验，对外人我们有着虚怀若谷的情怀，温良恭谨的态度，可是一旦面对家人，我们往往就像炸毛的猫，动辄暴跳如雷，然后再后悔不迭。《围炉夜话》中提倡德亲，简单些说就是疼世间最疼我们的那个人。亲人之间很少在意对方为自己花了多少钱，办了多少事，让他们珍视的也许就是藏在简单里的关心和爱护。

老赵是一个普通的退休职工。原本应该是享受夕阳无限好的年纪，他却每天异常辛苦。老赵的妻子患了"进行性肌营养不良症”的病，整天浑身无力，只能坐卧。更没想到的是，他的两个儿子也患上了这种病，因为三人浑身毫无力气，老赵成了家里唯一生活能够自理的人。几十年年一晃而过，但对于有着三个重症病人的家庭来说，老赵的日子可以说是过得度日如年，每天早上 5 点半，老赵准时起床打扫卫生、做早饭，然后将妻子和儿子逐一搬到桌前，一口一口喂饭，一日三餐，天天如此。有邻居见这一家人生活困顿，于是将他的事情通知给了报社，希望能够得到社会的帮助。当记者问老赵：“几十年这样的生活，你觉得苦吗？”老赵坦然地回答：“苦，能不苦吗，但我至少能够照顾自己，他们整天无法行走，比我苦一千倍，一万倍。他们笑一次，说一句话都那么难，能帮助他们一分，我的苦就少一分。再说了，作为一家之主，我能为他们做到的，也只有这么多，所以我愿意天天做下去。”

古人将花与萼同根而生的自然现象比喻成血脉相连的手足兄弟；以“乔梓”代指父子关系，高大的乔木比喻父亲，幼小的梓树来代指儿子。乔梓、花萼都是自然界的生物，古人融入自然，体察其中的深刻内涵，让人更能体会到人伦事理的深刻意义。

事实证明，这世间唯有爱才是永恒不变的主题，爱和温暖并不遥远，就藏在简单的关心里更是成了一句箴言。所以，学会爱父母，爱兄弟，爱家人吧。

凡·高曾说：“人间如果没有爱，太阳都会灭。”送人玫瑰，手有余香。你在别人有困难时伸出援助之手，那个受了帮助的人就不会对别人的困难视若不见。说不定哪天，他就会帮到你。助人就是助己，爱人就是爱己。

这不禁让人想起另一则故事。他是一个三十多岁的男人，事业成功，家庭幸福，有一个漂亮的妻子和可爱的儿子。一个阴雨绵绵的春日，他下班路过城中那条小河时，发现一群人挤在那儿吵吵嚷嚷。他不知道发生了什么事儿，上前去探问。

一个围观者告诉他：“有个孩子掉进河里被水冲走了，这里的人好像都不太会游泳，估计等救援的人赶到就来不及了。先生，你水性怎么样？现在赶紧下水还来得及。”

他挤进人群，朝远处瞅了瞅，透过水雾，果真发现十几米外的河中有个挣扎的身影。这时刚入春，河水还是冰冷刺骨的。但时间已经来不及了，救人要紧。他不假思索，迅速扔下公文包，脱下外衣就跳进了水里。

几分钟后，孩子得救了。他浑身湿漉漉地爬上岸，再定睛一看那个被救的孩子时，立马抱住他痛哭了起来。原来，这个孩子不是别人，正是他自己的儿子！他痛哭，是因为儿子劫后余生而感到激动，感到庆幸啊！

当你勇敢地去散播爱，你会感受到世界的温度，你会发现这个世界上每一个人都那么伟大，包括你自己。爱是心灵的良药，不仅是为了医治别人，更是为了救赎自己。

心灵悟语

当我们真心地想为我们爱的人做些什么的时候，才会真心体会到他们要求的一点都不多，只不过是我们总是忘了给。

事实上，也许我们每天都活在最后一天

我们平时无意或是习惯性地喜欢把事情往后推，美其名曰“拖延症”，我们以为时间有很多，多到还有无数个明天等着我们去挥霍。试想一下，如果我们已经知道生命即将结束，那么现在的我们内心是否有着太多的遗憾？把每一天当作最后一天来生活吧，珍惜身边的人和流逝的时间，也许，我们每天都活在最后一天。

有一个小女孩，由于小的时候经常患病，所以身体一直很虚弱。上体育课的时候，每次跑步都是最后一名。同学们常常嘲笑她，暗地里叫她“豆芽菜”，因此小女孩非常害怕上体育课。一有体育课，她总是找各种理由请假逃避。后来这件事被妈妈知道了，妈妈安慰她说：“没有关系，在同学当中，你年龄最小，跑在最后并不丢人。不过，你要记住，只有做好了今天的事，你才可能有更进一步的明天。”女孩看着

妈妈的眼睛，认真地点了点头。

在接下来的跑步中，女孩明确了自己的目标，努力追赶她前面的那个同学，结果她从倒数第一名变成倒数第二名、倒数第三名、倒数第四名……半个学期下来，她的跑步成绩已经达到了全班的中游水平，而且也慢慢地喜欢上了体育课。

在妈妈这种“更进一步的明天”理念的引导下，女孩后来成了全班的跑步冠军。同时，她把这种理念引申到了学习当中。2001 年，小女孩从北京大学毕业之后，被哈佛大学以全额奖学金录取，成为当年哈佛大学唯一一位中国应届毕业生。这个小女孩就是朱成。

进入哈佛大学之后，朱成连续攻读了硕士学位和博士学位。在攻读博士学位期间，她被选为哈佛大学研究生会主席，这是哈佛大学历史上第一次由中国学生担任这个职务。

不把事情留到明天，把“今天”当作末日一般，每天进步一点点，哪怕是一小步，日积月累终究会铸就成功的大厦。虽然知道这个道理的人不少，但真正能够践行的却并不多。有的人眼高手低，梦想着大作为、大事业，对眼前的小事情不屑一顾；还有些人一曝十寒、半途而废，不能坚持到终点。很多时候，我们不是被对手打败的，而是败给了自己。

现在提倡活在当下，所谓活在当下，实际上就是在告诉我们把握好今时今日，不要让明天的乌云遮住了今天的阳光，不要让明天的烦恼困扰今天的自己。

在意大利摩德纳市音乐学院里，有一件有趣的事：声乐班的学生们总是在课间的时候拼命地从北侧的教学楼向南边的校区跑去。原来，由意大利知名的声乐大师波拉先生亲自授课的音乐课距离教学楼很远，为了抢到最好的位置，男孩子们脱下外套，女孩子们提起裙子，一个个像高速喷射的小火箭般，极其敏捷正确地向目的奔去。

在这群孩子里，有个小胖子鲁契亚诺特别惹人注视，因为他行动笨拙，老是被所有人甩在身后。有些俏皮的男孩子有时会跟他开玩笑，一边对他做着鬼脸，一边在他前面倒着跑。女孩们跑过他身边时，也发出一阵阵银铃般的笑声，这些宛如莺啼的声音，传到鲁契亚诺的耳里显得分外刺耳。每每这时，他都会狠狠地瞪着他们，却谁也追不上，只好一脸的无奈。

后来，为了能抢到好座位，鲁契亚诺在第一节课上到一半时，就开始心不在焉地整理好自己的书本，趴在桌子上谋划如何能更疾速地跑出大门，基本没有心思再去听课。当下课铃一响，他就会拼尽全力抢在老师前面跑出门去。

这方法还真有效，虽然依然有不少人跑到了他前面，但抢占了先机的他还是比以前跑得更快了一些。当他跑到教室大门时问题又来了，在他进入教室的瞬间，身后的同学猛地加快了速度，这样一来，就和他同时进入大门，结果大家一起被卡在了门口。同学们都比他瘦，能一点点挤进去，而身宽体胖的他却被紧紧地挤在了门框内，胖胖的脸被挤压得像个扁平的大柿子。

就这样，每天想尽了办法，他仍然抢不到好座位。更让他挠头的是，因为每次都挖空心思地去抢座位，导致他第一节课根本什么都没听进去，而且每次跑到第二节课的教室时，他也累得说不出话来，加上座位位置又不好，他就更没心情听课了。这时，他意识到了问题的严重性，与其这么疲于奔命，什么都学不好，还不如安安心心地把握住现在，将眼前自己能汲取到的知识充分吸收。

从此，小胖子鲁契亚诺总是等到同学们飞奔而去后，才从容不迫地走出去。走的同时，他会思考下一节课自己即将学习的重点。

因为位置不好，他在大师的课上比谁都用心聆听，也因为自己在路上已经为第二节课做好了充分的准备，所以在课堂上他能更有效力地学习。

在音乐学院的学习时间匆匆而过，很快就到了鲁契亚诺进入这所学校的第五个年头。当初的小胖子已经越来越胖，走得也越来越慢了。可因为他把每天都当作是自己生命中的最后一天来过，基本功扎实的他已经成为全学院最杰出的学生，大师的课堂上甚至有他的专门座位。而这一切，都是他靠自己的努力博得的。

1971 年，他加入了阿基莱 · 佩里国际声乐竞赛。比赛前，选手们被告知，首相要来观看决赛。大家都在后台高兴地猜想着谁会引起首相的留意。这时，组委会负责人却发现最胖的鲁契亚诺单独躲在一边持续训练发音。负责人好奇地和他攀谈起来，问他为什么不像其余人那样高兴？

鲁契亚诺诚恳地对负责人说：“其实我也十分好奇，不过，未来还未发生，与其过分地关注耽误了今天的工作，那不如把眼前的事情做好。谁也不知道明天会怎样，也许今天就是我的最后一天也说不定。”因为这番话，负责人将这个胖胖的年轻人牢记在了心里。

当天晚上，鲁契亚诺因成功演唱歌剧《波希米亚人》主角鲁道夫的咏叹调，荣获了一等奖。从此之后，25 岁的他踏上了大师之路。他被公认为是有史以来最伟大的高音之王，他就是——鲁契亚诺 · 帕瓦罗蒂！

心灵悟语

把今天活成是生命中的最后一天，去认真体会，去珍惜善待，假以时日，我们会发现我们度过的每一天都会呈现出不同的精彩。

第三章 从负面情绪中走出来

好也一世，歹也一世，只有一世

佛说：“一切属他，则名为苦；一切由己，自在安乐。”当下，我们飘忽不定的目光，经常发出这样的信号：“今天活得真是没劲！”这一刻，我们浑然忘了，我们的一生只有这一个今天，我们的生命，也只有这一世。换句话说，好也一世，歹也一世，我们能拥有的也只不过是这匆匆数十年的时光。

在一个漫天浓雾的傍晚，拿破仑·希尔和他的母亲乘船渡江，驶往纽约度假。望着滔滔不绝的江水，母亲喜悦地说：“这是多么惊心动魄的壮观啊！”希尔纳闷了：“母亲，我没看出有什么出彩的事情啊！”希尔母亲的眼睛里迸发出明亮的光芒。尽管她已年近七十，但声音依旧纯净：“你看，多美丽的浓雾！你听，多嘹亮的号子！还有那船只四周隐隐约约的光芒，多么绚烂、耀眼！对了，还有那消失在雾中的风帆，这些难道还不足以令你赞叹吗？”或许是被母亲的热情感染，希尔开始重新审视起周围的景色。果然，他很快就沉醉在四下的美景中，心中涌起了无限喜悦。后来，希尔在一次演讲中讲到了这次经历。他说，那一刻，自己一向迟钝的心似乎突然活过来了，仿佛干枯的土地得到了滋润。从此，他学会了用探索之心和热爱之情来看待世界，也欣赏到了更多的人间美景。

自此，拿破仑·希尔说出了那句享誉世界的名言——如果你有一颗热情的心，那么毫无疑问，现实将会给你带来更多奇迹。

东晋时期的绍兴，夜晚气温骤降，鹅毛大雪飘飘洒洒，远山近水一片银装素裹。一位隐士独自吟诗饮酒，酒到酣处，突然想见远方的朋友，于是乘船行了一夜，去远方看朋友。望见朋友家门，他突然不想进去了，又乘着船，一边吟诗，一边赏景，欣欣然回了家。这就是王子猷雪夜访友的故事。日本平安时期，在日本平安京（京都的古称），一位侍女站在回廊里，在春晓时等待天空慢慢浮现第一抹红霞，看夏夜池塘边的萤火虫和秋天傍晚归巢的鸟儿，欣赏冬天下雪的早晨。她将所看到的景象，写成了一本书，书的名字叫作——《源氏物语》，书中记述的不过是生活中的琐碎小事，却显出淡然闲适与自得其乐。

古人的生活条件与现如今的我们相比，不得不说是落后的，然而他们的闲淡与恬静的日子，却让我们心生向往。细细品味古人的作品，不难发现，他们比我们丰盈的是内心世界，他们会很好地控制自己的情绪，不被负面情绪所困扰，安安静静地享受当下，心怀喜乐地看待着眼前的这个世界。

释迦牟尼曾说过“不悲过去，非贪未来，心系当下，由此安详”，说的也正是这种淡然之心。

泰国的十大杰出企业家中，施利华应该算是一位传奇人物了，他最开始是一位股票投资者，当他在股票市场无人可敌时，他说我玩够了，我从此要进入另一个行业，于是他转入了地产业。时运不济的他，把自己所有的积蓄和从银行贷到的大笔资金投了进去，在曼谷市郊盖了15幢配有高尔夫球场的豪华别墅。可是他的别墅刚刚盖好，亚洲金融风暴出现了，他的别墅卖不出去，贷款还不起，施利华只能眼睁睁地看着别墅被银行没收，连自己住的房子也被拿去抵押，还欠了相当大的一笔债务。

一段时间之内，施利华的情绪低落到了极点，老是在心里问：“为什么一向无人可敌的我，会走上这样的一条失败之路，难道我就这样一生再也无所建树了吗？”

几经周折，施利华决定重新白手起家，他的太太是做三明治的能手，她建议丈夫去街上叫卖三明治，施利华经过一番思索答应了。从此曼谷的街头就多了一个头戴小白帽、胸前挂着售货箱的小贩。

作为一个创造过非凡业绩的企业家，施利华曾经倍受人们关注，在他事业的鼎盛期，不要说自己亲自上街叫卖，寻常人想见一见他，恐怕也得反复预约。上街卖三明治不是一件怎样惊天动地的大事，但对于过惯了发号施令日子的施利华来说，无疑需要极大的勇气。

很快，施利华做小贩卖三明治的消息传了出去，人们纷纷在说，昔日亿万富翁施利华在街头卖三明治，由于很多人在传，所以在施利华那儿买三明治的人骤然增多，有的顾客出于好奇，有的出于同情。还有许多人吃了施利华的三明治后，被这种三明治的独特口味所吸引，经常来买他的三明治，回头客不断增多。随着时间的过去，施利华的三明治生意越做越大，他也慢慢地走出了人生的低谷。

一年后，施利华东山再起，在 1998 年泰国《民族报》评选的“泰国十大杰出企业家”中，他名列榜首。

人的一生会碰上许多挡路的石头，这些石头有些是不可抗拒的因素，比如金融危机、贫穷、灾祸、失业，它们成为挡路石头并不以我们的意志为转移。有些则是我们人为造成，比如名誉、面子、地位、身份等，它们的存在完全取决于一个人的心性。端正心态，摆脱掉负面情绪，任凭石头再坚硬，也无法阻挡我们阔步前行。

杰克·韦尔奇是全世界企业家都尊敬的CEO。他执掌通用20年，将其打造成一个制造业的巨人。退休前，韦尔奇决定写一本自传。这部自传在他动笔之前就被时代华纳以700万美元的天价竞得版权，成为历史上版权价格最高的自传。韦尔奇在书中回顾了他的一生，尤其着重介绍了他的管理思想和经验。他认为："成功者共有的品质就是他们比别人更热情，更加热爱生活。"火一样的热情能弥补他们其他方面的不足。热情不是浮夸，而是内心深处的某种东西。可见，告别负面情绪，对生活温柔以待，会让我们的生活有着怎样惊天的改变。

生活原本多变，谁也不想也不愿意看到一些不好的事情发生，尤其因为这些坏事而产生出的负面情绪，可能会控制我们很长时间，让我们郁郁寡欢，提不起精神。可当年华逝去、尘埃落定时才发现，最宝贵的时间已经在我们的浑浑噩噩中一去不复返了。负面情绪是生命的锈，它一点一点腐蚀人的心灵，让人在无为中懵懂地耗尽青春，徒留悔恨。

布斯·塔金顿是20世纪三四十年代美国最炙手可热的小说家，他一生最热爱的是读书和写作，最害怕的就是看不到文字。然而命运就是如此残忍，在他60多岁的一天，他失明了。失明后的布斯·塔金顿尽管失去了阅读和书写文字的能力，却并不影响他愉快地生活。他每天会拿自己的眼睛开玩笑，“我再也不用因为眼前那些飞来飞去的黑斑感到苦恼了，这下一次性解决了。”

与此同时，他在积极配合治疗。他告诉自己，只要有一点光亮，他都会无比珍惜，借用这一点光亮看世界，一定会有不一样的心得体会。他一共接受了 12 次眼部手术，但都没有成功。有病友问他，“你跟我一样，为什么你不难过呢？”他回答说：“为什么不难过，我当然难过。可难过又能改变什么，我已经看不见了。除了接受事实，没有更好的生活态度了。失去了光明，我仍然可以思考。我现在才知道，我从来不是靠眼睛阅读和写作的，而是靠思想。思想不死，就不会绝望。”

如果不经历，你永远不知道自己有多勇敢。任何时候都不要低估自己的力量，你比想象中更强大。

心灵悟语

一个人成就的大小，生命的价值，不在于他现在的位置，而在于他的心态是否够强健，够坚韧，是否能够不被负面情绪击倒，而选择勇敢地朝目标前进。对此时此刻的现在，我们若无力去把握，我们至少可以把控自己的情绪。不留恋过去，叹息机会的错失，不沉浸在旧时光中，任负面情绪将我们包裹。

一时失控无伤大雅，永远失控你就完了

情绪失控的存在就如同平静的海面上偶尔略过的飓风。运用得当，它会让我们在平庸中显示出独特的个性，控制不住，它就会让我们犹如人群中的异类而让人敬而远之。学会控制情绪，我们就成了生活中的强者，自己的大英雄。

战国时期，段干木是一个很有名的学者。尽管他很有才能，但他始终不愿做官。魏国国君魏文侯曾经登门去拜访他，想授给他官爵。段干木却避而不见，越墙逃走。他这一举动让魏文侯很是愤怒，然而魏文侯想了又想，控制住了自己的情绪，选择有礼貌地离去。从此以后，魏文侯每次乘车路过段干木家门时，就下车扶着车前的横木走过去，以表示对段干木的尊敬。

魏文侯的车夫对此十分费解，便问："段干木不过一介草民，您经过他的草房表示敬意，他却置之不理，这样未免有

点太过分了吧？可你为什么就能不生气呢？”

魏文侯答道：“段干木是一位贤者，他在权势面前不改变自己的原则，是有君子之道的表现。他虽隐居于贫穷的里巷，而名声却远扬千里之外，我经过他的住所怎敢不对他表示敬意呢？他因有德行而取得荣誉，我因占领土地而取得荣誉；他有仁义，我有财物。土地不如德行，财物不如仁义。这正是值得我学习、尊敬的人，所以我再怎么表达我的敬意都不为过，怎么可以对这样的贤良之人发脾气呢？”

后来，魏文侯见到了段干木，诚恳地邀请他任国相，段干木谢绝了。但他们二人却通过一次倾心交谈，成为莫逆之交。而魏文侯作为一代君王，他坦荡的胸怀，控制自己情绪的能力也被世人所赞颂，反而让他更多地赢得了民心。

没过多久，秦国想兴兵攻打魏国，司马唐雎向秦国国君进谏道：“段干木是贤人，魏国礼遇他，天下没有不知道的。像这样的国家，恐怕不是能用军队征服的吧！”秦国国君觉得有道理，于是按兵不动，魏国因此逃过一劫。

现在的人们总喜欢把情商二字挂在嘴边，情商理论的鼻祖戈尔曼阐述了他的最新发现：“如果我们能很好地控制自己的情绪，就证明我们拥有了一项了不起的能力。”情绪失控不但影响着我们的智力，并对我们生活的方方面面有着更深远的影响。

有一则流传很广的寓言：从前，在一个水池里，住着一只坏脾气的乌龟，他和来这里喝水的两只大雁成了好朋友。后来，有一年，天旱了，池水干涸了，乌龟没办法，只好决定搬家，它想跟大雁一起去南方生活。但它不会飞，于是两只大雁用一枝树枝，叫乌龟咬着中间，大雁各执一端吩咐乌龟不要说话，就动身高飞。

它们飞过翠绿的田野，飞过蔚蓝的湖泊。地上的孩子们看见，觉得这个组合很有趣，拍手笑起来："你们看呀，那只乌龟很滑稽啊。"乌龟本来得意扬扬，听到嘲笑后大怒，就想开口责骂他们。但它口一张开，就跌了下来，碰着石头死去了。大雁叹气说："坏脾气多么不好呀。"

有人做过这样一个试验：当人做出一个微笑的面容，那么心情就立即会感到增加了几分愉悦。

在工作生活面前，我们每个人都可能有情绪失控的时候，偶尔为之，大多能得到他人的体谅和宽容，然而如果我们把它当作谋生和与不安生活所对抗的手段，那么，我们必然将自食其果，陷入尴尬的境地。

一个脾气暴躁的旅行家因为名气很大，所以他身边的人都对他礼让三分，因此他也把自己整日的情绪失控归纳为个性。当地有一位非常著名的高僧，很多人都以结识他，听他传授佛法为荣幸。旅行家好不容易得到机会，去拜见这位著名的高僧。

旅行家当天出门时情绪相当差，满脸的烦躁，旁人一看便知，他又要控制不住自己的情绪了。到达目的地时，旅行家费力地解开纠成一团的鞋带，接着使劲把鞋子往角落一甩，于是大门“砰”的一声被砸了一下，也吓坏了现场的每一个人。旅行家直到看见高僧时，才一改刚才恶劣的态度，礼貌地向高僧致意。但高僧却对他说：“对不起，我无法平心静气地与你谈话，除非你先跟被你迁怒的那扇门和你的鞋子道歉。”

旅行家一听，脸上微愠地问：“你是在开玩笑吧？向门和鞋子道歉？为什么？它们又不是人，难道它们也会有受辱的感觉吗？”高僧回答说：“不管是人或物，都有被尊重的必要，当你把你的愤怒加诸在它们身上时，你同样也该准备好向它们道歉。所以，请你这么做，否则我也无须尊重你，更不必再深谈下去。”旅行家心想：“好不容易才得以见上高僧一面，如果因为这点小事而中止期盼已久的谈话，实在很可惜。”于是，他走到自己的鞋子前说：“朋友，请原谅我的无礼。”接着，又对门说，“对不起，我为我的鲁莽行为向你表示歉意。”

旅行家带着满脸的不耐烦对高僧说：“这回可以了吧，你要求我做的我都做了。”没想到高僧还是拒绝了他，高僧诚恳地表示：“一时的失控是可以被原谅的，但是看你的戾气，肯定不是一日所累积，等你什么时候收敛了心性，我们再重新面对面地研习佛法吧，否则就算我说得再多，也不可能改变你的心态。”旅行家张口结舌，无言以对，在众人的笑声中，他讪讪地离去。

我们总是以为坏脾气是自己的，就算情绪失控又与他人何干。然而在不知不觉中，我们的这种习惯却改变了自己的命运，甚至会改写自己的人生。

曾经有一位父亲在公司受到了老板的批评，回到家就把沙发上跳来跳去的孩子臭骂了一顿。孩子心里窝火，狠狠去踹身边打滚的猫。猫逃到街上正好一辆卡车开过来，司机赶紧避让，却把路边的孩子撞伤了。

这就是心理学上著名的“踢猫效应”，描绘的是一种典型的坏情绪的传染，以及情绪失控所带来的后果。

心灵悟语

忍一时风平浪静，退一步海阔天空。时刻牢记，我们忍让的不是他人，而是我们自己一世的前程。

无论何时，请自己善待自己

不要等到生病了，才后悔没有好好休息；不要等到失态了，才发觉已经好久没有宣泄不良的情绪；不要等到橱窗里空空荡荡，才明白那件漂亮风衣对自己的价值；不要等到夜深了，才选择一个人默默地哭泣……时间很快，岁月不长，无论何时，请自己善待自己。

曾经有份报纸刊登了一篇悼文，作者在悼文中感慨他的一位病逝的朋友一生都没有善待自己，终日忙于工作、应酬，竟连孩子念几年级都不知道。作者还写道，这位朋友为了累积更多的财富，为了那些无谓的人脉应酬，终于将健康与亲情都赔了进去。那栋尚在交付贷款的上千万元的豪宅，曾经是朋友最得意的成就之一，然而还没等入驻享受，他却离开了人间。作者问："这样汲汲追求身外物的人生，到底生命感知何在，意义何在？"最后他写道，"生活简单，没有负担。住在恰到好处的房子里，没有一身沉重的经济负担，周末两天不值班的时候，还可以带一家大小外出旅游，赏花品草……善待自己，享受人生的日子比起有豪宅豪车更能羡煞旁人。”

这篇悼文的最后几句话用在人的一生当中再贴切不过了。与其困在财富、地位与成就的迷惘里，耗尽自己的心血，还不如过着简单的生活，舒展身心，善待自己，享受用金钱也买不到的满足和快乐。

古时候有个农民，于山间劳作，自食其力。日间插秧种菜，偶然抬头看看蓝天白云；夜晚点灯夜读，听妻儿说话，日子过得平淡却充实。一日，农民在城里做生意的邻人给妻子买了一件好看的绸衣，农民见了十分羡慕，决定挑着家里的余粮去城里卖了，也给妻子买一件绸衣。

到了城里，农民见街道上的人个个身着绫罗绸缎，潇洒阔气，不禁大开眼界。他想：“原来生活可以这么美好，我也一定要过上这样的生活。”数年中，农民渐渐放弃了种粮种菜的生活，学着邻人做起了生意。由于农民踏实肯干，辛勤劳作，他的生意做得红红火火，不久就发家致富了。于是，农民家也拥有了一座豪宅，家中资产千万，顿顿都有美酒佳肴，人人都穿绫罗绸缎，真是好不富贵。可是，好日子过了没几天，突然家中闯入一群强盗，把他家洗劫一空。几年辛苦创建的家业都毁于一旦，农民心里十分凄苦。正当他愁苦之时，邻人告诉他："做生意人是没有保障的。你要想生活得富贵又稳定，不如去当官。那些盗贼，也只敢欺负老百姓，哪里听说过有盗贼洗劫当官的啊？"农民一听有理，于是借钱捐了个贡生，在城里当了一个小官。当小官自然不如当大官，当没有实权的官自然不如当有权的官，就这样，农民想尽各种办法，一步一步往上爬。等他如愿以偿当上大官时，已经年过半百了。不过，他总算什么都有了，家中广厦千万，佳肴美酒无数，娇妻美妾成群。

可是，当大官似乎还有烦恼，就是不能自由自在。官场中暗流汹涌，整天要看皇帝的脸色行事，还要应对同僚的排挤，日子过得战战兢兢。偶然间，他抬头看天，见天上白云悠悠飘过，突然间就泪流满面，他辞了官，遣散了妾室，带着老婆回归了田园。当他拿起锄头坐在田间地头，久违的舒心感受，让他长长出了口气。有邻居问他："你是不是傻，放着大官不做回来种田？"他笑着说："一个人只能活一辈子，我只想这辈子对自己好一点，日子过得简单快乐些就足够了。"

我们每个人都不是生而无私的圣人，我们都有着不同的欲望和痛苦，也有共同的快乐和美德。然而生活并不是一成不变的，心灵更是会一天天成长，无论我们经历了什么，并从中学会了什么，我们始终都要牢记，无论何时，都要善待自己。

曾经有个男人他勤奋、善良，拼尽所有，头破血流地在商界为自己打拼出一片天地，让家人过上了好日子。他是一个孝顺体贴的好儿子，是一个称职的好丈夫。然而，他没有兼顾好身体，老天也并没有因为他是一个所有人眼中的好人而放过他，最终还是把他带到了另外一个世界。

男人想，我生前积德行善，死后应去天堂，可是被上帝一脚踢到了地狱。男人百思不得其解，于是去天堂问清原委。上帝将他带到一个可以看到人间百态的窗口，男子清楚地看到，由于自己的离开，年迈的老父亲不得不去看大门勉强糊口；貌美如花的妻子也不得不给人打工，承担起生活的重担，如今的她已经憔悴苍老了很多；再看看心爱的儿子，也因为无力支付高昂的学费，遭受着同学们的排斥与嘲笑。男人将这一切看到眼里，心在滴血。这时，上帝说话了："因为你的离去，你的至亲至爱陷入极度痛苦之中，在人间过着地狱般的生活，凭什么你该进天堂？"

爱家人从爱自己开始吧，有健康的身体才能够给家人遮风挡雨。不管男人也好，女人也好，善待自己，珍爱自己，才能去热爱生活，热爱事业。

"春有百花秋有月，夏有凉风冬有雪。若无闲事挂心头，便是人间好时节。”人生在世，凡俗生活，自然不会少了“闲事”。但只要我们想着要善待自己，就不会为这些闲事所累。很多时候，不去生气，原谅别人，就是善待自己。

心灵悟语

漫漫人生路，以后可能会经历很多坎坷与挫折，到那时希望我们会平静地接受一切，在心里说：善待自己。

告诉自己要笑，你就真的笑了

有些事情，总是要在我们经历过后才会懂得，昨天，还把喜怒不形于色当成是一种追求，一种历练。今天，我们才明白，想真心地笑一次有多么难得。生活百般滋味，人生需要笑对，无论经历怎样的磨难，告诉自己要笑，哪怕这笑中有泪，可我们仍旧战胜了自己，自然也就有勇气去挑战明天。

1983 年 7 月 13 日 9 点 28 分，一个 9 斤重的男孩儿在上海降生了，他有了一个小名，叫大宝。1990 年 7 岁时大宝被上海市管弄新村小学的校田径队教练选中练习田径，从此与体育结缘。在大宝小学四年级即将结束的时候，被顾宝刚老师选入上海市普陀区少体校，主练跳高、辅练 100 米短跑等，开始了职业运动生涯。在一次市 100 米跑比赛的机会，大宝被上海体育运动技术学院田径队二线队教练看中，随后开始练习跨栏。

转眼间，10 年过去，在 2000 年世青赛男子 110 米栏比赛中，大宝得了第 4 名，从此一发不可收，分别获得了 2001 年全运会、东亚运动会、世界大学生运动会男子 110 米栏冠军；2002 年 7 月在瑞士洛桑国际田联大奖赛中，以 13 秒 12 的成绩打破男子 110 米栏亚洲纪录，并刷新了保持长达 24 年之久的 110 米栏世界青年纪录；2004 年雅典奥运会男子 110 米栏比赛中，他以 12 秒 91 的成绩打破奥运会纪录，并追平世界纪录；2006 年 7 月 12 日，在洛桑田径黄金联赛中以 12 秒 88 打破了由英国科林 · 杰克逊保持了 13 年之久的世界纪录。这个叫大宝的男孩被人们亲昵地称呼为飞人，他就是刘翔。

然而在 2008 年北京奥运会上，刘翔由于右脚跟腱伤复发，遗憾地在首轮就退出了比赛。在万众瞩目的聚焦下，刘翔黯然离场，眼泪不由自主地流了下来。准备了四年，就是为了在奥运会上为国争光，四年的准备都白费了。怎能不令人惋惜呢？从此，刘翔开始了漫长的治疗过程。对一名运动员来讲，疗伤的过程对他来说是灾难性的，不能再把汗水挥洒在运动场上，他内心的煎熬不是一个外行人所能体会的。他自己在回忆过往的时候曾经说过，那段时间真的差不多天天以泪洗面。

然而，暌违多年的刘飞人最终重新出现在了众人面前，仍旧带着他招牌式的笑容。记者问他：“是什么让他找回了当年的状态？”刘翔笑着说：“首先他学会了笑着去面对苦痛。”

原来当年治病期间，刘翔的心情不好，导致他身边的教练和家人都很苦恼，每天都小心翼翼地看着他的脸色过日子。经过一年多的起起伏伏，刘翔突然醒悟，与其在痛苦中挣扎，不如试着对自己笑笑，不要总是在意自己的不如意，还有太多美好的事物值得自己珍惜，趁着自己还能活跃在赛场上，那么就开始享受每一次训练，每一次的比赛。经过这次受伤的磨难，刘翔变得更加珍惜生活，也变得更加乐观、成熟。

生活本来就是这样，酸、甜、苦、辣、咸，一切尽在其中，就看我们如何去描绘、去尝试。所谓生活，可以简单解释为生命的活法，有人认为它是美好的，欢乐的，这样的人，即使在寒冷的冬天也能感知到生活的温暖，漆黑的午夜也能看到光明，用一种乐观的态度去面对生命，用微笑来面对一切。

1882 年，一名女婴因发高烧差点丧命。她虽幸免于难，但发烧给她留下了后遗症——她再也看不见、听不见。因为听不见，她想讲话也变得很困难。她就是海伦 · 凯勒。

高烧将她与外界隔开，使她失去了视力和声音。她仿佛置身在黑暗的牢笼中无法摆脱。

万幸的是海伦并不是个轻易认输的人。不久她就开始利用其他的感官来探查这个世界了。她跟着母亲，拉着母亲的衣角，形影不离。她去触摸、去嗅各种她碰到的物品。她模仿别人的动作且很快就能自己做一些事情，例如挤牛奶或揉面。她甚至学会靠摸别人的脸或衣服来识别对方。她还能靠闻不同的植物和触摸地面来辨别自己在花园的位置。

7 岁的时候她发明了 60 多种不同的手势，靠此得以和家人交流。比如她若想要面包，就会做出切面包和涂黄油的动作。想要冰淇淋时她会用手裹住自己装出发抖的样子。

海伦在这方面非比一般，她绝顶聪明又相当敏感。通过努力她对这个陌生且迷惑的世界有了一些知识。但她仍有一些不足。

早在海伦 5 岁时她就开始意识到自己与别人不同。她发现家里的其他人不用像她那样做手势而是用嘴交谈。有时她站在两人中间触摸他们的嘴唇。她不知道他们在说什么，而她自己也不能发出带有含义的声音。她想讲话，可无论费多大的劲儿也无法使别人明白自己。这使她异常懊恼以致常常在屋子里乱跑乱撞，灰心地又踢又喊。

随着年龄的增长，她的怒气越来越大，她变得狂野不驯。倘若她得不到想要的东西，就会大发脾气直到家人顺从。她惯用的手段包括抓别人盘里的食物以及将易碎的东西猛扔在地上，有一次她甚至将母亲锁在厨房里。这样一来就得想个办法了。于是，在她快到七岁生日时，家里便雇了一名家庭教师——安妮 · 沙利文。

安妮没有跟别的老师一样，讲一些大道理给海伦听，而是首先教会她学着微笑，安妮跟小海伦说，只有懂得笑着去面对生活，那么，生活才会以微笑回报我们。就这样海伦变得温和了，而且很快学会了用布莱叶盲文朗读和写作。靠用手指接触说话人的嘴唇去感受运动和震动，她又学会了触唇意识。这种方法被称作泰德马，是一种很少有人掌握的技能。她还学会了讲话，这对失聪的人来说是个巨大的成就。

海伦以优异的成绩从拉德克利夫学院毕业。她有惊人的注意力和记忆力，同时她还具有不达目的誓不罢休的毅力。上大学时她就写了《我的生命》。这使她取得了巨大的成功从而有能力为自己购买一套住房。

她周游全国，不断地举行讲座。她的事迹为许多人著书立说，而且还有关于她的生平的戏剧和电影上演。最终她声名显赫，应邀出国并受到外国大学和国王授予的荣誉。1932年，她成为英国皇家国立盲人学院的副校长。1968年她去世后，一个以她的名字命名的组织建立起来，该组织旨在与发展中国家存在的失明缺陷做斗争。如今这所机构——“国际海伦·凯勒”，是海外向盲人提供帮助的最大组织之一。

生命对每个人来说都是平等的，不要一味地抱怨上天的不公平，路途中时而坎坷艰辛、波澜不惊，时而垂柳轻拂、平淡如水，关键还是看我们如何来把握生活，享受生命。

世界上没有什么是一成不变的，无论是走运还是倒霉都不可能贯穿我们的一生，这个世界上，最终获得成功的人，他肯定不是最幸运的那一个，只不过，他比我们更坚强，更有韧性，更乐观。每个人一生中面对的最大的敌人其实就是我们自己，只有战胜自己，笑对人生，坚持到最后，才能等到成功的机会，也才会给青春年少的我们一个最好的交代。

心灵悟语

让我们用微笑来面对生活，用微笑来面对每个人、每件事，无论经历什么，告诉自己要笑，你就会真的笑了。

及时发泄坏情绪，不让郁闷过夜

郁闷已经成为现代人的通病。一位知名作家如此解释郁闷，她说：“郁闷像雾，难以形容。它是一种情感的陷落，将我们拽入到万劫不复的深渊。”人们之所以会产生郁闷情绪，其实只是我们的坏情绪没有及时发泄。学会及时发泄坏情绪，不让郁闷过夜，舒缓的是心情，拯救的却是我们自己。

在日本松下电器公司的各个企业单位里，都设有“精神健康室”，人们把它称之为“出气室”。每天下班之前，松下的高管都会安排一个牢骚满腹的职工走进这里来发泄自己的坏情绪，屋子里迎面便是一排各种各样的哈哈镜。职工看见哈哈镜自然是哈哈大笑，怨气就在笑声中消解了。走过哈哈镜，在他面前又出现几个象征着经理、老板的橡皮塑像，旁边放着打人的棍子。如果他还怨气未消的话，就可以拿起棍子，将橡皮塑像揍个痛快……然后，他走进健康室的最后一部分——恳谈室。接见他的是一位笑容满面的高级主管，该主管会热情地问他有什么困难和不满，有什么改进的意见。如果这个职工能提出合理化的建议，还将会获得奖励。

松下公司善于让员工发泄掉自己的坏情绪，不让员工带着郁闷过夜是整个公司的经营宗旨，也正因如此，松下公司一直是日本同行业中的精英翘楚，屹立不倒。

情绪管理大师柏丞刚说过，当情绪不好时，一定要去找事情做，让自己“动”起来。运动和晒太阳都会出大量的汗，因为汗液里有很多坏情绪产生的蛋白质。我们只有在其他地方找到成就感，坏情绪才能抵消掉，也才会驱走郁闷，重新正视我们的生活和事业。

最近，美国一些心理学家做了一项实验，他们把正在生气的人的血液中所含的物质注射到小老鼠身上，并观察其反应。初期，这些小老鼠表现呆滞，整天不思饮食。几天后，它们就默默地死掉了。美国生理学家爱尔玛为了研究情绪状态对健康的影响，设计了一个很简单的实验：他把一支支玻璃管插在正好是0℃的冰水混合物容器里，然后分别注入人们在不同情况下的“气水”，即用人们在悲痛、悔恨、生气时呼出的水汽和他们在心平气和时呼出的水汽作对比实验。结果表明，当一个人心平气和时呼出的水汽冷凝成水后，水是澄清透明、无杂质的；悲痛时呼出的水汽冷凝后则有白色沉淀；悔恨时呼出的水汽沉淀物为乳白色；而生气时呼出的“生气水”沉淀物为紫色。他把“生气水”注射到大白鼠身上，几十分钟后，大白鼠就死了。由此可见，坏情绪对健康的危害非同一般。

郁闷不是病，但是引起郁闷的坏情绪却会真的要人命。当一个人产生郁闷的心结，便会使思维处于一种游离状态，思绪不能规整，如同孑然一身行走于无边无际的沙漠，没有方向地乱撞，最终很可能会招致自我毁灭。有医学报告指出，21 世纪影响人类生活的疾病中，排名第二的竟然是忧郁症。可见，在社会环境的种种压力下，忧郁症这种由郁闷带来的现代病已经成为影响人类进步和发展的重要疾病，已经是一个必须引起重视的问题。而及时地发泄坏情绪，不啻战胜郁闷的最好方式。

林肯当政时期，一天，陆军部长斯坦顿来到林肯那里，气呼呼地对他说一位少将用侮辱的话指责他偏袒一些人。林肯建议斯坦顿写一封内容尖刻的信回敬那家伙。“可以狠狠地骂他一顿。”林肯说。斯坦顿立刻写了一封措辞激烈的信，然后拿给林肯看。“对了，对了。”林肯高声叫好，“要的就是这个！好好训他一顿，真是写绝了，斯坦顿。”

但是当斯坦顿把信叠好装进信封里时，林肯却叫住他，问道：“你干什么？”

“寄出去呀。”斯坦顿有些摸不着头脑了。

“不要胡闹。”林肯大声说，“这封信不能发，快把它扔到炉子里去。凡是生气时写的信，我都是这么处理的。这封信写得好，写的时候你已经解了气，现在感觉好多了吧，那么就请你把它烧掉，再写第二封信吧。”

经常感到郁闷的人应该学会调节自己的心态，当感到巨大的心理压力和出现压抑、悲伤、愤怒、怨恨等情绪时，应该向亲朋好友倾诉出来，以消除不良情绪，疏散心理压力。

凯斯特是一名普通的汽车修理工，生活虽然勉强过得去，但离自己的理想还差得很远，他希望能够换一份待遇更好的工作。有一次，他听说底特律一家汽车维修公司在招工，便决定去试一试。他星期日下午到达底特律，面试的时间是在星期一。

吃过晚饭，他独自坐在旅馆的房间中，想了很多，把自己经历过的事情都在脑海中回忆了一遍。突然间，他感到一种莫名的郁闷：自己并不是一个智商低下的人，为什么至今依然一无所成，毫无出息呢？

他取出纸笔，写下了四位自己认识多年、薪水比自己高、工作比自己好的朋友的名字。其中两位曾是他的邻居，已经搬到高级住宅区去了；另外两位是他以前的老板。他扪心自问：与这四个人相比，除了工作以外，自己还有什么地方不如他们呢？是聪明才智吗？凭良心说，他们实在不比自己高明多少。

经过很长时间的反思，他终于悟出了问题的症结——自己性格情绪的缺陷。在这一方面，他不得不承认自己比他们差了一大截。

虽然已是深夜3点钟了，但他的头脑却出奇的清醒。他觉得自己第一次看清了自己，发现了过去很多时候自己都不能控制自己的坏情绪，而这些坏情绪会让他整个人时常陷入郁闷，因此他做不好每一份适合自己的工作。

整个晚上，他都坐在那儿自我检讨。他发现自从懂事以来，郁闷这种情绪就如影随形地陪伴着自己，让他总是认为自己无法成功，也从不认为能够改变自己的性格缺陷。

于是，他痛下决心：自此以后，决不再有不如别人的想法，决不再自贬身价，一定要完善自己的情绪和性格，弥补自己在这方面的不足。第二天早晨，他满怀自信地前去面试，果然顺利地被录用了。在他看来，之所以能得到那份工作，与前一晚的感悟以及重新树立起的这份自信不无关系。

在底特律工作了两年后，凯斯特逐渐赢得了好名声，人人都认为他是一个乐观、机智、主动、热情的人。在后来的经济不景气中，每个人的情绪都受到了考验，很多人都倒在了情绪面前。而此时，凯斯特却成了同行业中少数有生意可做的人之一。公司进行重组时，分给了凯斯特可观的股份，并且给他加了薪水。

作为一个成年人，能有效地控制住自己的坏情绪，或者学会适时地发泄坏情绪，不让自己步入郁闷的怪圈，是我们的责任，也是我们的义务，如果我们连发泄心中不满情绪都做不到，那么，我们还能成就什么？

心灵悟语

适当地发泄负面情绪并不会被别人耻笑，任凭坏情绪在心中郁结成病，才是被世人嫌弃的根本。

失落的时候，请去看看这个世界有多“糟”

失落状态下，每个人常感觉自己是受害者，所有坏事情似乎一股脑地朝着自己涌来，这个时候的我们常常会深陷在消极的情绪中无法自拔。那么不妨问问自己，这个世界到底还会有多糟？答案是不言自明的。所以失落的时候，请出去走走，通过观察与对比，我们会发现自己的生活中原来还有许多别人不具备的幸福。

佛经中有这样一个故事：有一天，佛陀外出云游，路上遇见一位诗人。诗人年轻、有才华、富有、英俊，而且拥有娇妻爱子，但他最近因为缺少了创作灵感而倍感失落，逢人便抱怨上天对自己不公。

佛陀问他：“你不快乐吗？我可以帮你吗？”

诗人回答：“我只缺一样东西，你能给我吗？”

“可以。”佛陀说，“无论你要什么，我都可以给你。”

“是吗？”诗人盯着佛陀，一字一顿、满脸怀疑地说，“我要灵感！”

佛陀想了想，自言自语道：“我明白了。”

说完，佛陀施展佛法，把诗人原先拥有的一切全部拿走——毁去他的容貌、夺走他的财产、拿走他的才华，还夺走了他的妻子和孩子的生命。做完之后，佛陀立即离去。

一个月后，佛陀再次来到诗人身边。此时的诗人，已经饿得半死，躺在地上呻吟。佛陀再施佛法，把一切又还给了诗人，然后悄然离去。

半个月后，佛陀再次去看诗人。这一次，诗人搂着妻儿，不停地向佛陀道谢。因为，他已经体会到了生活的真谛，所有失落的烦恼一扫而空。

生活中，我们不正像那位诗人一样吗？——对自己身边唾手而得的幸福视而不见，却苦苦寻觅所谓的幸福与快乐，求之不得便倍感失落。其实生活就是这样，它在无形中就已经给了我们必须的东西，是追逐的目光和抱怨的心理使我们不懂驻足欣赏我们已经拥有的幸福。当失去一切时，才蓦然发现它的珍贵。

有个年轻人和一对正在热恋的情侣相对而居，空闲的时候他就坐在阳台上注视他们。对面楼上的男人经常给自己的女人读文章、唱歌，男的读书读累了，女的便给男的翻书、倒茶，每当年轻人看到这些场景时，他就非常羡慕他们默契的感情。他为自己坎坷的情路叹息，他总是埋怨自己没有遇到像她那样善解人意的伴侣。

那个年轻人也在恋爱。但是在他和自己的恋人相处的过程中，常会为一些鸡毛蒜皮的事情生气，最终闹得不欢而散。有一天年轻人又和女友生气了，他忍不住跑到对面的楼上，请教那对恋人，他们怎么过得那么幸福，而自己又为何如此失落。当他敲开门时，他惊住了，男的早已失去了双臂，女的用哑语比画着请他坐下。他恍然大悟，原来女的是哑巴，男的是肢残，他们生活得清贫而幸福……想到自己的恋人美丽健康，自己衣食无忧，这本身就是一种被忽略的幸福啊。后来年轻人变了，他不再和自己的恋人为鸡毛蒜皮的小事吵架、生气，他努力学着忍让、宽容、理解。他发现原来自己可以更幸福。很多时候，许多幸福就在我们身边，就在脚下，常常被我们忽略了。那些幸福平凡得如同一粒沙子，却能堆成幸福的殿堂。

“人们不明白幸福的时候拼命追求幸福；不明白痛苦的时候常常痛苦得要死。只有比较才觉得现在的自己是多么单纯，多么快乐。”让我们静下心来细细地品味这段话，回头看看自己走过的路，也许会发现烦恼中、困惑里、挫折中，也有一个个幸福相随，贯穿着自己的人生历程。

美国西雅图有个很特殊的鱼市，很多顾客和游客都认为到那里买鱼是一种享受。原因就在于，那里的鱼贩们虽然整日被鱼腥包围，但他们总是面带笑容，而且他们工作时可以和马戏团演员相媲美，个个身手不凡。他们就像合作无间的棒球队员，让冰冻的鱼像棒球一样，在空中飞来飞去，并且互相唱和："啊，5 条带鱼飞到明尼苏达州去了。""明尼苏达州收到，请再来一批。"这种工作气氛还影响了附近的居民，他们经常到这儿来和鱼贩用餐，感受他们的好心情。后来甚至有不少没办法提升工作士气的企业主管也专程跑到这里来取经。

有一次，一位记者专程来采访他们，记者问道："你们在这种充满鱼腥味的地方做苦工，这不是一件很失落的事吗？为什么心情还会这么愉快？"

一个鱼贩回答："几年前，这个鱼市也是一个没有生气的地方，大家整天都很失落。后来大家认为，与其每天抱怨沉重的工作，还不如改变工作的品质。于是我们不再失落，而是把卖鱼当成一种艺术。就这样，我们变得越来越快乐，这里成了鱼市中的奇迹。"

"实际上，并不是生活亏待了我们，而是我们期求太高，以至忽略了生活本身。"另一位鱼贩补充道。

也许有人会说，如果有好好的日子过，谁会愿意失落啊？你是不了解我的痛苦！确实，生命的苦旅中有无数艰难险阻，甚至让人难以承受。但是失落又能怎样呢？而且当我们看完了下面的故事，相信大多数人都会明白，我们甚至没有失落的资格！

春天里的青岛柳絮飞舞，和风拂面。一个晚上，在 12000 余名听众雷鸣般的掌声中，一位“半身人”用双掌撑地，一步步地走上了青岛天泰体育场的主席台。

这个半身人来自澳大利亚，名叫约翰·库缇斯，天生没有下肢，但是他却用双掌走遍了世界上 190 多个国家和地区，被誉为“世界上最著名的残疾人演讲大师”。此外，他还是全大洋洲的残疾人网球赛的冠军，是游泳健将，甚至会用两只手开汽车。

“大家好！”打过招呼，库缇斯拿起了桌子上的矿泉水瓶子，边比画边说，“从一出生我就是个悲剧，当时我只有矿泉水瓶这么大，两腿畸形，医生断言我活不过当天，可我活到了现在。35 岁的我依然健在，而且经常在世界各地旅行……”

库缇斯一口气讲了半个小时，其间，观众们的掌声几乎就没停过。最后，库缇斯突然举起手里的一件东西说：“我非常感谢青岛朋友的热情招待，我住的宾馆条件非常好，但有一样东西让我不知所措，服务生却每天都会把它放在我的床头。”说完，库缇斯把他说的东西扔向了听众席，原来是一双一次性拖鞋。听众席一片肃静。

“如果你能穿拖鞋的话，你是幸运的，你是没资格失落的！不是每个人都能够穿拖鞋的！”库缇斯大声说。听众席上立即爆发出一连串的喝彩声，紧接着是长久不息的掌声。

有一位哲人曾经说过：“苦海即是天堂，天堂也即苦海。”有时候我们的生活在别人眼中即是天堂，只不过我们自己当局者迷；而我们意识当中别人的苦海，却有很多人生活得不亦乐乎。

心灵悟语

我们总是因为羡慕别人而失落了自己，或许，我们都是近视眼，总是活在对别人的仰视里；或许，我们都是远视眼，往往忽略了身边的幸福。

第四章

世间最幸福的，莫过于为人豁达

心是肉做的，怎么可能不受伤

世间最深重的痛楚，莫过于伤心，心是肉做的，怎么可能不受伤。人生最重要的技能，并不是防御别人，而是令自己遗忘痛苦。与其学西子捧心，展示揪心之美，莫不如选择豁达地活着，才是真正的所向披靡。

邰丽华 2 岁失聪，15 岁成为中国残疾人艺术团的领舞演员，28 岁成为艺术总监，塑造了特殊艺术经典《我的梦》。她领舞的《千手观音》在 2004 年雅典残奥会上震撼了全世界。

邰丽华生于一个普通职员的家庭，2 岁时的一场高烧使她不幸堕入了无声世界。她很早就在同龄孩子的取笑声中，区别出了自己与他人的不同，为此，她哭过，闹过，失落过，彷徨过，每当年幼无知的小伙伴用她的残疾来奚落她，邰丽华觉得自己的心都碎了。

后来，她的妈妈跟她讲，心再痛，都是自己的一种情绪，不能改变生活一分一毫，也不会让别人因此就更看得起你。短短的一句话，让自强与奋发的幼苗在邰丽华心中萌发。在聋哑学校，邰丽华品学兼优。学校在离家很远的武汉市，使她从小就养成了很强的自理能力。人们只看到她静静地离家，又静静地回来，而其中多少艰辛，只有她自己知道。

后来，邰丽华又通过自己的努力，成为湖北美术学院装潢设计系的一名毕业生。在她刚刚踏进聋哑学校校门的时候，最打动她的是这里与其他学校完全不同的一门课程——律动课。教师踏响木地板下的象脚鼓，把震动传达给站在地板上的学生，孩子们由此知道什么是节奏。为了体验这种感觉，邰丽华总把脸颊紧贴在答录机喇叭上，全身心地感受不同的震动。至于电视里的舞蹈节目，更让邰丽华充满想象，跃跃欲试。从此，她爱上了舞蹈，爱得痴狂。后来，邰丽华在残联的帮助下，进行正规的舞蹈训练。

邰丽华 15 岁时已经有近 10 年的业余舞蹈经历。她将自己变成了一只旋转的陀螺，24 小时中除了吃饭和睡觉，其他时间都是在舞蹈。著名舞蹈艺术家杨丽萍轻盈灵动的舞姿令她深深倾倒。从此，她像着了魔似的，经常对着录影带苦练。由于听不见音乐，更没有老师的辅导和别的教材，她完全凭借着自己的感觉和悟性在跳。有一次，她练舞的情形被舞蹈编导张继钢看见了，他很感动，便打电话给杨丽萍，想请她来指导指导邰丽华。2002 年 5 月起邰丽华作为演员队长，两年半来出访 16 个国家，巡演祖国 22 个省份，演出 275 场。北京残奥会开闭幕式的文艺表演，全部由邰丽华等人完成。她说："我们最大的梦想，就是帮助更多的残疾人。"在雅典残疾人奥运会闭幕式上，邰丽华带领中国残疾人艺术团聋哑人舞蹈队表演的《千手观音》震撼了世界，向全世界展示了灿烂的中华文化以及特殊艺术之美，为中华民族赢得了荣耀。

有记者曾经对邰丽华做过专访，问她是如何达到了今天的高度，她笑着重复了母亲曾经对她说过的话：将心痛作为自己成功的动力，让受过的伤伴随自己尽快地成长。"我是一个残疾人，但是我可以完成健全人无法达成的目标。"

伤心是人人都会经历的一个必然过程，伤心过后往往会有两种后果：一，把自己的心锤炼地越发强健，抵御住下一次伤痛的来袭；二，化茧成蝶，从此终生免疫，再深重的伤痛都触及不到内心最柔软的那个地方。不是我们为心灵筑起了一道铜墙铁壁，而是我们就此学会了豁达坚强。而邰丽华就是第一种的完美写照。用伤过的心，流过的泪，为自己铸就一条铺满鲜花的康庄大道。

曾经有一个女白领，她的父亲在几年前因不堪病痛折磨与家庭困顿，选择跳楼自杀结束了生命。而且，父亲身亡的地点，正好是她的停车位。可想而知，她有多么痛苦与伤心，因为，每天开车都要来到这个令她触景伤情的地方。

父亲过世后，留下年迈的母亲，家里经济情况愈发不好，还有债务要还。这位白领和她的先生一起去咨询心理医生，愁容满面。“你和先生一个月的收入有多少？”心理医生问。“20 几万。”“那不错呀！”对于小家庭来说，这个数字可以过非常好的日子。

但当心理医生听完她对金钱的分配之后，不禁摇头：“如果，你每个月先扣掉信用卡费、生活费、还债等必要开销之后，剩下的再拿来给妈妈当生活费，这样下去悲剧一定会重演。子欲养而亲不在这种苦，你还想再尝一次吗？”

心理医生很慎重地告诉她，孝顺的钱是不能省的，对她来说不是天大的数字，少了那笔钱不会饿死，多了它也不会变富翁。她的做法完全本末倒置，应该把孝亲的钱放在第一位，而不是先把自己的花用摆第一位。更何况，并不是要她去帮母亲还债，只是给母亲基本的生活费，对她而言应该不造成负担吧！

“你的父亲选择结束自己的生命，你不要浪费这个苦，这个伤心，这个痛，反而要感谢父亲提醒了你，趁一切来得及，把这个遗憾加倍弥补在母亲身上，好好孝顺她吧。”白领听后，恍然大悟，从此收拾心情，告别伤心，全心全意地把所有关爱给予了母亲。

诗人罗伯特·布莱把伤心形容为“每个人背上负着的隐形包裹”，我们在长大成人的过程中，会把越来越多的伤心塞进包裹里。布莱认为，在生命的前几十年里，我们成长的过程中，把伤心过后的顿悟，以及感受用来填满隐形包裹的做法是正确的，而在生命的后几十年里，我们必须学会努力把包裹清空，减轻肩上的负担。

大多数人都对自己遭遇过的伤心而感到恐惧，不愿正面以对，视伤心为心灵的阴影。殊不知，只有拥抱心灵的阴影，找回完整的自我，才能获得真正充实幸福的生活。

心灵悟语

在这个世界上，没有哪颗心可以不受伤，我们唯一能做的，就是比比谁忘得更快。

越是对抗，越是痛苦

不管是在地球的这边，还是在地球的那边，总有一些喜欢与自己对抗的人。他们对自己不满，不能容忍自己内心产生的负面感情——焦虑、恐惧、失败和羞愧等，拼命要战胜它们。结果，他们越是奋力反抗，自己就陷得越深。

米歇尔是一个优秀的女孩，然而她几年来一直遭受着害羞给自己带来的困扰。尽管她阅读了很多关于克服害羞的书，也尝试治疗过四次，但最后都失败了。

米歇尔最近刚刚拿到一所著名大学的MBA学位，并获得了一份为某大型公司做顾问的工作。然而，在与别人交谈时，她却常常会害羞脸红。她觉得这样会传达出一种信息，表明自己不够称职，别人不应该对她的话过于信任。而且，她越是担心脸红，她的脸就红得越厉害。这个新工作是她职业生涯中的一次重要机会，她不想因为脸红而糟蹋了它。实在没有办法，米歇尔只好找到当年教过她的教授，寻求解决的方法。

教授听完她的讲述，肯定地表示：问题主要出在动机上，米歇尔总是与内心的羞愧为敌，错误地以为自己能战胜它们，结果反而适得其反，她越是对抗，越是痛苦。

米歇尔听了教授的话，开始轻轻抽泣。她承认这些年确实是这样，她无助中甚至求助上帝，然而就连她虔诚的祷告也毫无回应。教授告诉她，其实我们的内心中，会把祷告分为两种：一种是希望上帝能够把坏的东西赶走，另一种则是放弃挣扎——“放开手，把一切交给上帝”。米歇尔说，她从来没有将自己的难题完全交给上帝，那不是她的风格。

教授决定帮助米歇尔，让她真正减轻她焦虑和脸红的症状——不是深呼吸，不是狠掐自己，不是喝冷水，也不是假装镇静。米歇尔不是那种轻易放弃自身努力的人，所以，她需要找到一些完全不同的方法。米歇尔注意到，她越是接受自己的害羞，害羞就会变得越轻；她越抗拒，害羞反而会越重。因此，对于米歇尔来说，在生活中学会“接受”——接受自己的害羞，接受自己就是一个容易害羞的人——是十分有益的。

教授告诉她，每次她注意到自己又开始害羞的时候，就会对自己说“我只是被吓住了，只是被吓住了而已”，真正地去接受害羞。米歇尔在两年之后，慢慢有了一个圆满的结局。她终于发现了应该怎样与她敏感的神经系统和谐相处：当她努力试图不脸红的时候，一定会旧病复发；但是如果她做好准备让一切顺其自然地发生，反而不会再脸红了。米歇尔接受了自己的害羞之后，也就再不害羞了。不仅如此，她还发现可以将同样的原理运用到因压力引起的其他症状上，这些症状包括每天都会在工作中出现的胸闷、头痛和焦虑等等。从此，她的生活逐渐变得轻松多了。

正如米歇尔从她多年的挣扎中表现出来的情况一样，我们试图让自己感觉好一点儿而实践的许多措施，实际上只会让我们感觉更糟糕。就像那个著名的思维实验："努力不要去想粉色的大象——特别巨大而且特别粉红的那种。"一旦某种想法在我们的脑海中扎根，每次我们试图不要去想的时候，它都会被刻画得更深。弗洛伊德总结了这一现象，称之为潜意识中的"无否定"。与之类似，不管我们用什么方法去驱赶内心的痛苦——放松技巧、封闭思维、积极强化等等，最终都只能收获失望。

跟自己过不去，是很多人痛苦的根源，如果我们温柔地对待痛苦，痛苦就会温柔地对待我们。别人的同情会让自己显得弱小，自我同情则会让我们变得坚强。

波恩和嘉琳是一对孪生兄弟，在一次火灾事故中，消防员从废墟里找出了兄弟俩。虽然两人死里逃生，但大火已把他们俩烧得面目全非。波恩对生活失去了信心，再也没有活下去的勇气。嘉琳努力地劝波恩："这场大火中只有我们得救了，因此我们的生命显得尤为珍贵，我们的生活最有意义。"

兄弟俩出院后，波恩还是忍受不了别人的讥讽自杀了。嘉琳却艰难地生存了下来，无论遇到多大的冷嘲热讽，他都咬紧牙关挺了过来。嘉琳一次次地提醒自己："我生命的价值比谁都高，我面容丑陋，可是我内心丰盈。"从此，嘉琳反而从以往一个激进的青年，变成了一个温柔的人，无论面对什么，他都采取不对抗、不争辩、妥协的姿态。

一天，嘉琳像往常一样送一车棉絮去加州，突然发现不远处有一个人从桥上跳进了河里。那人被他救起后连续跳了三次，直到嘉琳自己差点被大水吞没。

后来嘉琳发现自己救的竟是位亿万富翁。亿万富翁感激嘉琳，和嘉琳一起干起了事业。嘉琳从一个积蓄不足 10 万元的司机，凭着自己的诚心经营发展成为一个有 3.2 亿元资产的运输公司。几年后医学发达了，嘉琳用挣来的钱整好了自己的面容。

我们常说，人在逆境中首先要战胜的不是别人而是自己，战胜了自己也就等同于战胜了别人。我们在最困难的时候战胜了自己，就能顶住外来的压力，成就自己。

人生中大多数的痛苦不是别人给我们造成的，而是自己跟自己过不去。

心灵悟语

活着是一场艰苦的修行，也许是意识到了未来要经历的磨难，所以每个人都是哭着来到这个世界上，但是却必须要笑着面对生活。我们唯有对生活报以微笑，生活才会回馈我们一份美好。所以，无论如何，请微笑着活着吧！即使是一场艰苦的修行，也要笑着面对。

说到底，是你觉得悲伤很美

人类精神上的困惑，往往都是心灵能量阻滞的呈现。就如同我们长久地沉浸在悲伤中，如果我们不去觉察和探索内在情绪的变化，试图改变这种状况，只一味地任凭自己沉沦在悲伤的情绪中，不肯自拔，那么只能说，是你自己觉得悲伤很美，不想抽身罢了。

命运对苏联作家奥斯特洛夫斯基是残酷的：他念过三年小学，青春消逝在疾驰的战马与枪林弹雨中。16岁时，他的腹部与头部严重负伤，右眼失明。20岁时，又因关节硬化而卧床不起。面对着命运的严峻挑战，他深切地感到："在生活中没有比掉队更可怕的事情了。"奥斯特洛夫斯基与命运进行了英勇的抗争：他不想躺在残废荣誉军人的功劳簿上向祖国和人民伸手，他用沸腾的精力读完了函授大学的全部课程，如饥似渴地阅读俄罗斯与世界文学名著。书籍召唤他前进，书籍陪伴他披荆斩棘。

当奥斯特洛夫斯基的文化和文学素养达到一定水平后，他写了一部描述柯托夫斯基部队中英雄战士的中篇小说，寄给了一家杂志社，却未被采用。可他并未灰心丧气，他深深地懂得，平步青云的事是少有的。人们往往只看到成功者头上的桂冠和脖子上的花环，而忽略了他们在未成功之前备尝的痛苦、冷落，甚至歧视。因此，一些向理想高峰攀登的人，一遇到艰难险阻，就畏缩不前，一碰到冷落、歧视，就半途而废，惊呼生不逢时。奥斯特洛夫斯基忍受着病痛的折磨，默默地向认准的目标攀登。1932 年，他终于完成了《钢铁是怎样炼成的》一书。对此，他高兴地惊呼："生活的大门向我敞开了！""书就是我的战士！"站着用枪战斗，躺着用笔战斗，死后用书战斗。这就是作为一个战士和作家的奥斯特洛夫斯基的一生。

有人说，这个世界上，如果有一个人可以永远悲伤，还可以被人原谅，那么，这个人一定是奥斯特洛夫斯基。然而，他却并没有陷入悲伤的负面情绪中，而是一直在努力，在拼搏，最终，回报给这个从未善待过他的世界一个温暖的微笑。

王威是一个来自黑龙江伊春的普通女孩，在她 8 岁时，被确诊患有甲状腺癌。得知此情，王威的父母如遭雷击，但他们并没有放弃治疗，下岗后的夫妻俩靠种地、捡垃圾维持生计和为王威治病，家人背着王威在没人的地方哭红了双眼，可是每天面对王威，母亲总是乐呵呵的。邻居问王威的母亲，家里遭遇到了如此的变故，你怎么一点都看不出难过和悲伤，王威母亲笑着说："悲伤又不是什么添彩的事，悲不悲伤事情总是在那里，也不会有什么改变，不如想着怎么去面对吧。"母亲的话说得坚强，但每天清晨，她都会习惯性地探一下王威的鼻息，确认她还活着。

2003 年，王威的病情开始恶化了，癌细胞接连转移到淋巴系统、肺部和骨头上，在经历了几个月的化疗并未见效，且辗转多家医院后，医生再一次下达了"死亡通牒"，王威只剩下了六个月的生命了，而家中一贫如洗。

得知自己时日不多，王威写信给自己最喜欢的节目——央视《星光大道》栏目组，希望能在离世前上"大道"唱首歌，再有就是希望能够捐出自己所有可捐献的器官，帮助更多的人。她的来信感动了《星光大道》栏目组，最终栏目组选择了煤炭总医院为王威手术。2008 年 4 月，煤炭总医院普外肿瘤科的团队为她进行了高难度的手术，使王威彻底告别了 13 年来压在身体和心灵上的"大脖子"，花季少女重绽生命的光华。

王威是不幸的，然而她又是幸运的。古语云：境由心生，心态决定命运，保持阳光、积极的心态，必然能够远离悲伤。

蒋敏是四川彭州市公安局民警，2008 年 5 月 12 日中午

12 时许，蒋敏和两岁大的女儿瑞瑞通了一次电话。“妈妈，我想你！”“瑞瑞乖，你快快长大，妈妈把你带到彭州读书书啊。”怎能想到，这是她最后一次听到女儿的声音。

两个小时后，8.0 级的汶川特大地震发生。顾不得北川家中的电话再也打不通、11 位亲人生死未卜，蒋敏和同事们一起迅速集结，立即投入到抗震救灾中去。13 日凌晨 6 时许，沉寂多时的手机终于响了，是北川的舅舅打来的。“喂!”又惊又喜的蒋敏刚刚说了两句话，便泪如雨下：除了舅舅，她在北川的全家 10 位亲人都已确认死亡……

“我回去也没有用了，还不如在这里做些事，帮帮这里的受灾群众。”28 岁的弱女子蒋敏，此时毅然抛弃了悲伤，选择了坚强。她放弃了和丈夫一起回北川寻找亲人遗体，继续坚守在抢险救援的第一线。

14 日、15 日、16 日，心力交瘁的蒋敏脸色青黄，却依然和同事们一起，日夜出门抢救伤员、上街维护秩序……她的耳边回荡着丈夫说的话：“蒋敏，我们已经够幸运了，很多家庭没有一个幸存者。孩子没有了，我们爱其他的人吧。”16 日凌晨，天彭中学安置点，几名刚刚获救的群众来到这里。蒋敏紧紧地抱起一个两岁左右的小男孩，久久不愿意放下。放下孩子，走出帐篷，身心俱疲的蒋敏身子一沉，晕倒在地。这位失去了女儿的母亲、失去了母亲的女儿，实在太累了。

昏迷中的蒋敏被送到医院输液，但一醒过来，她就说："我还行，我不能占医院的床位，我也不能停下来。"随后，她挣扎着回到安置点的工作岗位上。

面对团团围住她却不忍提问的记者们，瘦弱的蒋敏坚强地表示：纪念逝者的最好方式，就是忘却悲伤，和活着的人一起战斗！

我们一直以来习惯以自我为主，所以常常说"你这里不对，那里不对""这我没有兴趣，那个我很有意愿"等，所以，当悲伤袭来，我们必然沉溺其中，以无限大的体恤来心疼自己，使得悲伤长时间地无法离我们远去。说到底，我们离不开悲伤的原因只有一个，那就是我们自己不愿意走出，而与他人无关。

心灵悟语

我们每个人都有悲伤的权利，但让自己长久地沉溺在这种坏情绪中，却是最不明智的选择。忘却悲伤吧，我们前行的路上有太多的事情要做，这些都比悲伤要更有意义。

往伤口上撒盐的，其实是你自己

《新唐书 · 陆象先传》云：“天下本无事，庸人扰之而烦耳。”悲观者的烦恼中差不多有一多半都是在悲观情绪的左右下自己想出来的。而那些乐观者则少有烦恼，就是因为他们从来不会往自己的伤口上撒盐。

王阳明当初因为擒获宁王，立下了赫赫战功，但他没有把宁王交予张忠等人去处置。张忠觉得自己在皇帝面前失掉了一次献媚的机会，非常恼火，几次三番地让下属去找王阳明的麻烦。但是王阳明每次都显得若无其事，张忠因为特别会讨皇上的欢心，经常会得到皇上的夸奖，皇上为此异常冷落王阳明，王阳明的下属就替王阳明委屈。因为论事实，王阳明一直战功显赫，但是和张忠相比较，皇上还是显然更得意张忠。

王阳明因此对下属说：“我们为什么要去和张忠比较，那样做只是在往自己的伤口上撒盐，只要我们自己尽到应尽的责任就够了。我和他比较以后，我的心情会变好吗？我的工作也会完成得更好吗？如若不能，为什么要总想着这些令人不开心的事呢。”

王阳明之所以能把“心学”研习得精妙绝伦，这也和他拥有阳光般的心态是分不开的。只有一个人的内心足够强大，才能够客观地去看待他人，才会冷静地审视自己。应对浮躁的世界，与其练就千般本领，不如拥有一个良好的心态，达到“行到水穷处，坐看云起时”的淡定境界。

乔布斯说：不要把时间浪费在无用的事物上。我们无论怎样奋斗，归根究底我们也只能拼搏一生，如果在这短暂的数十年，摆脱不掉内心的负面情绪，让这些坏情绪时刻困扰我们，那么，假以时日，别人已然在前进的路上奋进，我们却还在因时刻纠结过往的伤痛而裹足不前。

苏秦当年拜师鬼谷子，学成返乡后，他权衡了一下天下形势，觉得自己应该去当时最强大的秦国，献上自己的良策，那么一定会得到渴望统一天下的秦国国君的重用。没想到，苏秦兴冲冲地赶到秦国后，言辞恳切地上书十多回，但秦王自认为秦国还不够强大，不肯冒险行事，不肯接受苏秦的建议。

没办法，苏秦只能败兴而归。苏秦离开家时，因为志得意满，所以说了大话，见他灰溜溜地回来，不仅朋友都离他远去，议论纷纷，就连他的家人，都不肯为他洗衣煮饭。

换做是旁人，面对这等情景，一定心灰意懒。但苏秦始终在内心认定自己是个有本事之人，只不过还没有找到成功的时机。于是他面对冷遇，越发地奋起读书，掌握知识。

经过一年的苦学，苏秦掌握了更加丰富的学识，精神意志及身心素质也提升到了一个新的层次。他相信，自己已达到了掌握天下大势及揣摩他人心理的境界，自信地说：“现在真的可以游说当世的国君了！”于是他重整旗鼓，游说诸国，终获得器重，挂六国相印，声名显赫。

美国著名作家露易丝在书中写的那样：“我相信，我们每个人的身上都有一种力量，这种力量可以帮助我们有健康的身体、美好的友谊、美妙的职业，给我们带来各种各样的成功。”这种力量，其实就是我们内心的自信。

做一个成熟的现代人，必须要让自己拥有完善的坏情绪自滤系统，过去伤痛藏起来就好，让伤口快速结痂才最重要。野草不种年年有，烦恼无根日日生。生活就是这样，有多少人感慨自己的生活如此坎坷，而别人却活得逍遥自在，恨不能希望自己是一个独立的个体，没有朋友，没有亲人，没有一切，独自一个人安安静静地生活在小岛上，不与任何人发生任何故事，也不用因为生活的复杂而失落，而悲伤，在一个人的世界，做自己想做的事……而事实上，这还叫生活吗？若真是这样，难道我们就能保证没有烦恼了吗？答案是不言而喻的，如果我们走不出心灵的羁绊，就算放逐我们到无人荒岛，我们仍旧走不出自己的心魔。

一个年轻人，在一家地下仓库做搬运工，枯燥的工作、恶劣的工作环境，让他厌倦不已。但迫于生计，他又无力辞职，于是，便去请教禅师：“这份工作脏、乱、累，又得不到别人的看重，我真的不想再做下去了。可我没有资金自己做老板，又没有一技之长换份轻松有趣的工作，我该怎么办啊？”

禅师说：“你为什么如此看不起你的工作呢？”

“不是我看不起，是它本来就是这种状况啊。”年轻人无奈地说。

禅师把他带到一处杂草丛生的荒地旁，指着一朵开得正旺的花朵说：“它的环境如何？”

年轻人环顾四周说：“这里太偏僻，又太乱，遍地都是杂草，要不然，会有许多花儿。”

禅师笑了：“在这样恶劣的环境下，这朵花依然努力成长、绽放，丝毫不受外界的影响，它迎风起舞，快乐怡然；可你，却抱怨工作上的各种不顺心。你有没有像这朵花一样，看重自己的工作，不受外物的缠绕，努力寻求绽放，从而获得别人的看重呢？”

年轻人羞愧地低下了头。回去后，他开始重视自己的工作，把他负责的片区整理得井井有条，并分门别类，让一切货品都简单明了，一目了然。他也一改往日郁结的工作态度，变得积极、主动、乐观。半年后，老板看他工作认真努力，极看重自己的工作，便提升他为物资经理。几年后，年轻人自己开了一家物流公司，做了老板。

只会看重自己内心感受的人，不论他遭遇或大或小、或好或坏的事，都会把曾经受挫的经验拿出来对比，结果是，他很难将新的工作完成得尽善尽美。他以为这是他聪明，懂得借鉴前车之鉴。其实通俗点讲，他这只是在往未曾愈合的伤口上撒盐。

忘却过去从今天开始，日子看似重复，其实每天都有新意，与其对过往的遭遇耿耿于怀，不如挥挥手，跟负面情绪说再见。从负面情绪中突围出来，为自己的心灵来一次最彻底的救赎。

心灵悟语

当我们遭遇到他人的伤害，不必烦恼，更不用惊慌，只要坚守内心的信念，只要相信自己内心的选择是正确的，那么只管让他人去说，我们只用去做，因为我们深知，所有的这些都无碍于我们的前进和成长。

与其坐着嫉妒，不如学着去超越

在日常生活中，嫉妒的存在是很普遍的。英国科学家培根就曾经指出：“在人类的情感中，嫉妒之情恐怕是最顽强、最持久的了。如果人们可以战胜嫉妒之心，那无疑是生命中最大的超越。”

《科学蒙难集》中记载有这样一件事：举世闻名的大化学家戴维发现了法拉第的才能，于是将这位铁匠之子、小书店的装订工招到皇家学院做他的助手。法拉第进入皇家学院之后进步很快，接连钻研出多项重要发明，就连在戴维失败的领域他也取得了成功。然而，当法拉第的成绩超过戴维之后，戴维心中却不可遏制地燃起了嫉妒之火。他不仅一直不改变法拉第实验助手的地位，还诬陷他剽窃别人的研究成果，极力阻拦他进入皇家学会，这大大影响了法拉第创造才能的发挥。

直到戴维去世，法拉第才开始其真正伟大的创造。戴维本应享受伯乐的美誉，却因嫉妒心理，成为阻碍了法拉第的迅速成长的人，不仅给科学发展带来了损失，也使自己背上了阻碍科学发展、使科学蒙难的恶名，留下了令人遗憾的人生败笔。

韩非是韩国的贵族，“喜刑名法术之学”，后世称他为韩非子。韩非注意研究历史，认为历史是不断发展进步的。他认为如果当今之世还赞美“尧、舜、汤、武之道”，“必为新圣笑矣”。他的历史观，为当时地主阶级的改革提供了理论根据。

他和李斯都是荀子的弟子。当时韩国很弱，常受邻国的欺凌，他多次向韩王提出富强的计策，但均未被韩王采纳。韩非写了《孤愤》《五蠹》等一系列文章，这些作品后来集结为《韩非子》一书。秦王嬴政读了韩非的文章，极为赞赏。公元前234年，韩非作为韩国的使臣来到了秦国，上书秦王，劝其先伐赵而缓伐韩。李斯妒忌韩非的才能，与姚贾一道进谗言加以陷害，韩非被迫服毒自杀，一代天才在他人嫉妒心的迫害下，早早陨落。

其实，许多人都有不同程度的嫉妒心，不过大多数人在产生嫉妒时能够理智地做出正确的判断，从而控制自己的情感。也有少数人由于消极情感失控，必须采取不良的行为才能寻求自己的心理平衡。

人的本性容易不满足，不满足就是指每个人都希望自己比别人好，嫉妒正是人的不满足本性的表现之一，是对自己不如人的一种不平衡的心态。嫉妒也是人之常情，有的人因为嫉妒，对别人忌恨仇视，诋毁中伤。而有的人却因嫉妒而积极进取，鞭策自己迎头赶上。

小刘在一家大公司工作，他是个非常认真的人，每天对待工作都秉承着勤勤恳恳的态度。而他的工作热诚也一直都得到大家的认可。公司里将进行一次大规模的人事调动和任免，所有人都说，这次小刘一定会得到提拔的机会，然而没想到，公司新来的张经理却是当年和小刘有过过节的一位同事。当年两个人同在销售部，小刘的业绩增长得很快，遭到了同是新人的张经理的嫉妒，他觉得小刘的业绩有水分，两个人各执一词，为此曾经闹得红过脸。

这时，大家都为小刘捏了一把冷汗，唯有小刘的情绪依然安稳如昔。又过了一段日子，公司的任免公文下发，小刘的职位居然得到了大幅度的提升，这回不但大家惊讶，就连小刘自己都觉得纳闷。不过很快，谜底就揭晓了，小刘接到了张经理下班喝茶的邀约。

茶楼里两个人相对而坐，张经理笑了，问小刘：“你一定很纳闷我为什么会邀请你吧？因为我要好好地谢谢你，要是没有你，要不是我当初嫉妒你，我也到不了现在的位置。”

原来张经理嫉妒心虽然有，可他还有更强的进取心，他始终不明白为什么干的是同样的活，小刘就能把业绩做得那么好，这里肯定有窍门。于是，当初还是小张的张经理苦练基本功，发誓一定要超越小刘。最终，张经理的努力得到了公司的认可，得到了总部的提升。

史泰龙说："忌妒心如果运用得当，反而会更快地取得事业上的成功，因为嫉妒一个人便不会去低估他人的伟大。"当然，如果嫉妒心太过强烈，那必然适得其反，在没有做出损人利己的举动之前，自己也许就被嫉妒折磨得奄奄一息。

宋徽宗喜欢书画，并且有很深的造诣。一天，他问随从："天下何人画驴最好？"随从回答不出来，便四处打听画驴出名者姓甚名谁，匆忙中得知一位叫朱子明的画家有"驴画家"之称，即召他进宫画驴。得知被召进宫是为皇上画驴时，朱子明吓出一身冷汗。他原本是很有功底的山水画家，可同行们嫉妒他，四处造谣贬低他，说他是"驴画家"。但"驴画家"的绰号并非擅长画驴所得，因为他根本不会画驴。然而，圣命难违，他只好硬着头皮开始画驴。他苦练画驴术，先后画了数百幅有关驴的画，最后终于得到皇上的赏识，真正成了"天下第一画驴人"。朱子明晚年感慨道："嫉妒是坏事，也是好事。感谢嫉妒者，你们的骂声、贬责和造谣成就了我！"

心理学家的观察研究证明，嫉妒心强烈的人易患心脏病，而且死亡率也高；而嫉妒心较少的人群，心脏病的病率和死亡率均明显低于其他人。

生活不相信嫉妒，我们有什么样的价值，生活自有评判。我们的价值不会因我们的嫉妒而增加，却会让我们因为嫉妒而影响到自己的心情和声誉。最终不但苦了自己，还会殃及无辜。

心灵悟语

嫉妒心一经产生，就要立即把它打消掉，以免其作祟。排除掉嫉妒这种负面情绪，需要积极进取，让生活充实起来，摆脱坏情绪，重现一个阳光向上的你。

我们宝贵的时间不是用来为小事生气的

台湾著名高僧证严法师有一句名言：生气是拿别人的错误来惩罚自己。但在现实生活中，这样惩罚自己的人却屡见不鲜。生气时，义愤填膺，暴跳如雷，可我们却忘记了宝贵的时间都白白浪费在了这些鸡毛蒜皮的小事中。

汉娜因为某位同事在工作上对她的无礼行为，感到非常生气。她刚刚到这家公司上班，自认尚未找到其他可以畅谈心中感受的女同事，于是，她把自己的气愤带回了家中。隔天一早，她收到了两封令她雀跃的邮件。一封是一位前往爱琴海度假的朋友寄来的漂亮明信片。汉娜知道还有人想着她，觉得很高兴。另一封则是邀请她到乡下度周末的信函，一想到这个周末可以在乡间小路上散散步，呼吸新鲜空气，她的心情顿时开朗了起来。午餐时她外出逛街，正好找到了她想要拿来当作朋友生日礼物的东西，这令她更感欣喜。此时她原谅了一切不如意的事物，因为气恼在她的脑中已无法占有一席之地。汉娜决定要采取一些行动。“我想要压力与紧绷的感觉吗？”答案是“不”。“那么，我能做些什么？”首先，她打了通电话给一位朋友，告诉她自己和女同事所发生的事情。

她的朋友仔细聆听之后，加以评断，汉娜感到心头的一块石头落了地。她坐下来回顾自己的一天，她想到收到的邮件，以及中午逛街的感受。她从心底决定，不再专注于令自己不开心的事，而要把注意力集中于愉悦与感激的感受之上。她觉得愈加如释重负了。

当一些小事惹得我们不开心，而我们在内心中会将这种气愤渲染到十分，那么，小事造成的后果简直就会严重到无法估量。等到时过境迁，我们才悔之晚矣，觉得自己为这么件小事生气，真是万分不值得。有很多时候，往往就是这小小的生气，反而会铸成大大的后果。

北京市民王先生前段时间碰上了一件恼火的事情：自己开着刚买的新车回家，却在路上被一辆大货车“蹭”了。虽然事故并不严重，但大货车司机一声招呼也没打就溜了。生气的王先生加足马力调头走反道去追，想逼停大货车，一路上险象环生，最终自己铸成了大祸。

据北京交警中队介绍，这天，市民王先生下班驾驶着自己刚买没两天的小轿车正常行驶在回家途中。不料前方一辆红色重型货车驶了过来，由于车流拥堵，大货车侧面碰擦到了王先生的车身。虽然事故本身不大，碰擦并没有导致人员受伤，但王先生对这辆新买的车子非常爱惜，感觉心疼。而且王先生也是个新手，上路被“蹭”也觉得受到了惊吓，正准备停车喊大货车司机下来一同查看车损情况，没想到大货车没有停顿，继续全速驶离。

王先生很恼火，立马掉头上反道去追，并按喇叭示意货车停车，哪知货车司机根本不理会。王先生几次想逼停货车，但货车司机是个老驾驶员，一路上左右来回前行避开。由于正值下班晚高峰，这一路的车辆、行人因王先生的追赶而险象环生。最后，王先生的怒气以造成了三车连环相撞告终。虽然没有人员伤亡，可王先生也必须要为自己的莽撞付出代价。

人生中，处处皆有“气”，事事都有“气”。没有“气”的人生，那不是生活，是幻想中的“乌托邦”。不过，有些时候，确实存在没气找气生的现象，也许把我们气得头晕眼花的事件，其实压根并不是我们眼前看到的样子。

一个在寺院里负责砍柴的小和尚，一天回到寺院里，气愤地扔下柴禾说：“前院的大嫂，今日不知为何，看见我上山的时候，对着我吐唾沫，没想到，等我回来的时候，我也没有招惹她，她又伸出头来吐了我一口，真是气死人了。”然后整整一天，小和尚都在生气，一直想，我哪里惹到了她呢，她为什么这么对我呢？结果这个问题简直让小和尚寝食难安。

第二天，小和尚上山砍柴又路过大嫂家门口，恰逢那大嫂又对着他吐了一口口水，小和尚气愤难当，直接走了过去，想与对方理论。没想到，大嫂见小和尚过来，转身回屋捧出了半个西瓜说：“小师傅吃西瓜吗？”原来，这个大嫂这两日在吃西瓜，只不过在吐瓜子的时候，恰好小和尚经过这里。小和尚见此，羞愧地转身离去。

所以说有很多时候，事情的真实写照并不是我们想象的那样，而我们之所以生气，皆源自我们内心的修养欠缺，是我们把他人想象成为我们心里自认为的样子，于是，我们生气、愤怒。结果到了最后实则是在自己和自己生气，根本与他人毫无关系。

富兰克林小的时候在古董店看到一个做工精良的哨子，他很想买下来，但是老板要价很高，他买不起。于是他努力攒钱，终于有一天买下了那个哨子。他拿着哨子兴致勃勃给朋友们看，却遭到了朋友们的取笑，朋友们说这个哨子根本不值那么多钱。富兰克林听到后大哭一场，此后郁闷了很久。

我们常常为了不值得的事情付出太多的精力和情绪，比如为了挫折付出太多的悲伤，为了已经犯下的错误付出太多的懊恼，为了离开的人付出太多的痛苦……多到占用了我们思考未来该怎么办的时间。

其实我们也应该为自己设置一个到此为止的界线，当有坏事困扰我们的时候，我们可以悲伤愤怒，但要告诉自己，“好了，愤怒到此为止，这件事已经发生了，就不值得我再过度消耗我的情绪”。同样，当有好事发生的时候，我们的欢乐也必须有到此为止的度，以防止我们得意忘形。总之，不管是好事还是坏事，发生了就变成了过去，不能一直围绕它们生活，未来还有更多事等待我们处理。

心灵悟语

“要么你去驾驭生命，要么生命驾驭你，你的心态决定了谁是坐骑，谁是骑师。”人活一世，一定要将自己定位在骑师的位置，不可被坏情绪所左右。换个角度，以一种良好的心态待人处世，才能够把人生大戏演绎得更加精彩。

第五章 爱上你遭遇的不完美

多些信心，与逆境中的自己深情相拥

即使在镜花水月般的虚构文学作品中，也不存在完美的人生，我们实在没有必要苛求自己。用信心的清泉浇灌心灵的自由之花，放下那个被称为压力的包袱，生活的阳光便会铺满你前进的旅途。

充满信心去上阵你才会走得更远，翻越“逆境”这个禁锢，你才会品味真正的人生。

在希腊神话中，众神之首宙斯掳走河神的女儿埃癸娜，科林斯的国王西绪福斯为换得一条四季长流的河水而告知埃癸娜的所在，泄露了宙斯的秘密。他还设计绑架过冥神，因欺骗冥后而得罪了地狱之神。他受到了宙斯的处罚。

宙斯判处西绪福斯去山上推石头。他必须将一块大石头推到山顶上，才能保证拥有当天食物。但是这块石头太过巨大，而且又圆又滑，每当西绪福斯费尽力气推着它快要到达山顶的时候，石头就会自动滚落下去，西绪福斯只好再次从头开始将它推上去。就这样，西绪福斯日复一日、年复一年地推着石头上山，再看着石头滚落，这个惩罚似乎永远没有尽头。

众神都以为这种惩罚是世界上最重的惩罚，因为这种劳苦没有止境，让人看不到任何希望。他们推断西绪福斯在重复推石头上山的过程中心中必定充满了绝望，因而耗尽自己的力气和精神，直到生命的消亡。

可是当宙斯再次看到西绪福斯时，竟然惊讶地发现了与众神的猜测截然相反的结局。西绪福斯并没有绝望。他不惧命运，充满信心，他甚至还发明了独特的舞步，用来缓解推石上山的劳累。他推着石头，踏着优美的节奏慢慢地上山，遇到花开他微笑示意，遇到鸟儿他便哼起歌谣。当石头滚下去时，他竟然吹了声口哨，蹦蹦跳跳地走到了山下，找到那块石头，再次把它推上山。一切看起来都非常愉快，西绪福斯仿佛一个孩子，找到了一个可以乐此不疲的游戏。

西绪福斯不惧自己的命运，让自己在征服石头和山峰的过程中享受快乐。他不去想遥远的未来，只是单纯地让每一个过程都尽可能地舒适愉快。这已经不再是一种惩罚，而是一种永远前行的信心。这只是一则神话，可我们在其中看到了信心的力量，看到了自我超越命运的精神。

美国人保罗·威德就是现实版的西绪福斯。1957年，他出生于美国加利福尼亚州旧金山，早年在康特拉科斯塔郡的克莱顿生活。青年时代，因涉嫌管制物品交易，22 岁的他被关入圣昆汀州立监狱，之后几次转狱。

入狱时，保罗 · 威德身高 1.86 米，体重 68 千克，是个典型的瘦子。监狱里，残酷的现实是囚徒欺凌弱者犹如呼吸般自然，恐吓更是家常便饭。他认识到身体强壮，动作敏捷的重要性。他没有自怜自艾，也没有深陷悔恨之中，而是积极地开阔自己的视野。幸运的是，他的同室狱友是前海豹突击队队员。室友教会了他以合理的方式进行基础锻炼，比如俯卧撑、引体向上和深蹲。他们每天一起锻炼，几个月后，保罗 · 威德就拥有了一身强健的肌肉。

保罗 · 威德从开始接触自身体重锻炼的方法，经过数年的时间，他了解并实践了相关的知识，并将其系统地整理到自己的笔记里。这个因为运输管制物品跨越州边界而入狱的家伙，切实地学会了将他的牢房变成一个健身房，并把这种哲学贯彻到他笔记的字里行间。

在狱中，相关的锻炼器械屈指可数。他利用床、门、椅子、栏杆等日常物品进行身体训练。他每周锻炼四天：第一天，选手平衡和脊柱训练；第二天，俯卧撑和腕部悬挂训练；第三天，各种类型的引体向上和自重腿部训练；第四天，一些耐力练习。只要一有空闲，他就跑到那些狱中健身的前辈面前悉心讨教，或者查阅熟读资料和书籍。他的笔记写满了数十个本子，他将理论和实践紧密地结合在一起，开拓发展出了一种新型的健身体系——“囚徒健身”。

出狱后，保罗·威德将囚徒健身的理论和方法写入了他的书中。《囚徒健身》系列丛书给我们呈现了一套非常清晰、有效的健身体系，既有强大的自身体重练习动作，也有扎实的训练哲学。这种新型的健身体系，因无须特殊器械、耗时少、简便易行而深受众多健身爱好者的推崇。

19年的牢狱生活让保罗·威德学会了原谅自己。没有当初的错误，不去提高自己的实力，可能“囚徒健身”依然还藏匿在某所监狱的阴暗角落里。而今，53岁的保罗·威德仍然按照自己总结的理论坚持进行自身重力的锻炼，他的身体健壮得像一个年轻人。他也成了一名畅销书作家，继而让更多的人记住了他的名字。

我们大多数人平凡且默默无闻，可能终其一生也不会有成名成家的机会，但只要心胸开阔，依然可以与自己深情相拥。

很多年前，有一位邮递员，他的工作是负责向一个偏远的村落送信。起初他很高兴，因为工作简单，只是骑着自行车来回往复而已。然而这种平淡的生活一过就是十年。十年里，村庄没有改变，小路没有改变，只是邮递员慢慢由一个朝气蓬勃的青年变成了一个中年人。

每当他走在这条野草丛生的道路上，邮递员都会感觉到异常的苍凉和孤寂。这天，邮递员再次在路上注视着这熟悉的荒凉，心想：我的一生都要在这条路上度过了，这是无法改变的，但是也许我可以改变这条路。

于是，邮递员在集市上买了一包花种子，每当他经过小路时，都会沿途播撒一些。半年后，道路两旁开始出现零星的花朵，邮递员欣喜地享受着这些快乐的改变。后来他想：为什么不让花儿丰富一些呢？于是他开始购买各种各样的花种子，保证以后每年的各个时节，小路两旁都会有花儿开放。以前，邮递员总是很讨厌下雨，因为下雨会让道路泥泞，可是现在，他开始喜欢下雨天了，因为雨水会让他撒下的种子更快地发芽开花。

就这样，几年过去了，邮递员终于做到了。他将这条荒芜的小道变成了一条花路，路边的花朵四季不停地争芳吐艳，让每天走在这条路上的邮递员心情愉悦，就连路过的游客以及村民们也感受到了自然的热情和生活的美好。每个人都感谢邮递员为他们带来了一条如此美丽的道路，而邮递员自己，每天也会唱着歌儿，愉快地沿着这条属于自己的花路去送信。

很多时候，打败我们的不是别人，而是自己。自私、狭隘、怀疑、恐惧都是心中的黑暗，这些黑暗让我们不相信别人，也不相信自己，让我们虚弱，让我们丑陋，让我们永远追不上成功的脚步。要驱除这些黑暗其实很简单，我们只需在心中点亮一盏灯，这盏灯在照亮心灵的同时，也照亮了前方的路。

只要心中有灯，眼前就不会有黑暗；只要心中有灯，柳暗也能变为花明；只要心中有灯，阳光总会透过云层普照大地；只要心中有灯，困境注定会成为你的俘虏。

心灵悟语

这是平凡的人生，这是美丽的人生。而你我只需要自信，都有拥有它的可能。“不积跬步，无以至千里；不积小流，无以成江海。”成功并不难，只要我们不懈努力，让今天的自己比昨天更优秀，那么日复一日，年复一年，我们还会不成功吗？

给“顿悟”一个积累的过程

佛家讲求“顿悟”，所谓当头棒喝，迷途知返。“顿悟”看似是在某一特定的时刻开悟，所需的时间往往只是一刹那的光景儿，实际上顿悟是要有先决条件的，而且需要经过一个漫长的积累过程。

佛祖智慧深远，菩提树下顿悟，立身成佛也非一蹴而就。从 19 岁出家，经禅修、苦行再到 35 岁的证觉成道，佛祖的“顿悟”仅从时间上来说就经历了整整 16 年。我们只是凡人，没有广博的智慧，也便别指望瞬间便能悟出人生的真谛了。

几乎所有的成功都需要一个积累的过程，近年来流行一个成功者的必备条件，就是“一万小时法则”。但凡想要在一个领域中成为专家，都要潜心苦练到一万小时以上，这是一个时间上的条件。

所谓天才，其实只是“一万小时法则”的先行者。

2006年，第一次参加跳高比赛的唐纳德·托马斯纵身一跃，跳过2.22米的高度，被世人誉为跳高“天才”。但在此之前，唐纳德·托马斯只是巴哈马的一名普通篮球运动员。

此后，他在英联邦运动会上跳出2.23米的好成绩。2007年他以2.35米的个人最好成绩战胜曾经的世界冠军霍尔姆，在日本的大阪世锦赛中获得了冠军。来自瑞典的霍尔姆在孩提时代就开始接受了跳高项目的严格训练，但对于唐纳德的横空出世，人们似乎只能用“天才”来赞叹他的成绩。

然而，赞叹“天才”的人们忽略了唐纳德成为跳高运动员之前的训练。作为一名篮球运动员的唐纳德扣篮的能力是惊人的。他可以从距离篮筐4.6米的罚球线处开始起跳，直到把球砸进篮筐。我们从他的习惯式的动作——短距离助跑加上单脚起跳上可以看出，他那惊人的弹跳能力是经历了长时间刻苦训练的结果。

而且，他那高超的背越式的跳高技术，也非一夕之间随便就能熟练掌握的。背越式的技巧并非完全依靠双腿的弹跳力，还需要背部、腰部大量肌肉群的正确配合。此外，田径项目上的其他日常训练也会有效地提高一个人的弹跳能力。天才的奇迹，往往在背后隐藏着人们看不见的汗水和泪水的累积。

同样，4岁开始作曲，6岁开始巡演的音乐家莫扎特，更是“天才俱乐部”的经典传奇。

在如此小的年纪就能取得那样杰出的成就，似乎除了音乐领域里的旷世奇才，人们再无法解释其中的奥秘。而我们没有注意到莫扎特有一个作曲家的父亲。在父亲严厉的教导下，从3岁开始，莫扎特每天要在钢琴前进行五个小时以上的练习。正是这种积累才成就了莫扎特的传奇。

顿悟所需要的条件除了技能的积累还需要一定程度的压力。适当的压力会激发人们内在的潜能，集中精力去完成一项工作或者解决某个问题。

王刚是中央电视台著名主持人，但谁也想不到，在他十几岁的时候，他还是个“淘气小子”。在他小学的某一天，在教室里待得无聊，便想起了一个“好主意”——钻进地板下玩。当时的东北，地板下是大大的空间，布满了暖气管道，王刚就这样，拿着个小蜡烛进到了里面。但世事总有意外，地下竟然充满了他们平时打扫卫生时候偷偷藏起来的纸片，在风吹来时，沙沙作响。更雪上加霜的是，王刚在摇摇晃晃中，弄丢了手中的蜡烛，造成了一顿混乱。

到小学快毕业的时候，校长甚至已经和他的妈妈说，给王刚换一个更好的学校吧。学校里，老师警告每一个和他接触的孩子，说他调皮捣蛋，只是为了让所有的同学都成为差生，只为自己好。十几岁的少年，还没有太多自己的判断，在这样的日复一日警告之下，曾经的“孩子王”王刚成了人人敬而远之的人，没有人和他玩，也没有人和他说话，他成了一只孤鸟。

不仅如此，王刚的爸爸也不是很理解他，生气起来，也是狠狠地揍了他一顿。然而，倔强的王刚依然没有妥协。但被孤立的难堪和寂寞还是折磨着他，有一天他实在忍不住，便给远在北京的毛主席写了一封信诉苦，之后继续过这样的日子。直到某一天，校长很高兴地把他叫去。

校长拿出一个信封，和他说：“王刚，毛主席给你回信了。”王刚将信将疑地取过信封，慢慢地读起来。信是中共中央办公厅秘书室寄来的，里面说：“王刚小朋友，你 6 月 24 日写给毛主席的信和寄给毛主席的图画、照片都收到了，谢谢你。今寄去毛主席的照片一张，希望你努力学习，锻炼身体，准备将来为祖国服务。”王刚没想到，他的信竟然真的寄到了毛主席手中，更没想到，这封短短的回信，改变了他的一生。

他，在此刻顿悟，终于不再是个让人敬而远之的坏孩子，也没有长成一个坏人。我们也许都有着让自己难以认同的过去，但是怕什么，只要在此刻，我们愿意以更好的姿态迎接明天，从此改变不完美的自己，那么，永远来得及。

积累是一个长时间的过程，会让很多人望而却步。将整个过程进行分解是一个行之有效的方法。

年轻的记者普雷斯失业了。于是，他在纽约四处找工作。这一天，当他走到 42 号街的时候，他遇到了俄国著名的歌唱家夏里宾先生，在巴黎做记者的时候，他曾经采访过夏里宾。普雷斯以为夏里宾早就忘记他了，可是对方一眼就认出了他。寒暄之后，夏里宾邀请普雷斯一起步行回旅馆。

普雷斯皱起了眉，夏里宾的旅馆距离这里足足有六十几条街，而且他已经走了整整一上午了，他回答说："夏里宾先生，那里太远了。"夏里宾看了他一眼，说："那么我们去 6 号街的射击游艺场看看去吧，那里离这里不过五六个路口罢了。"普雷斯点点头，两个人聊着天，很快就走到了射击场，在门口看着里面的几个练习者学习打靶，好几次都没中，两个人评论了一会儿，继续往前走。

夏里宾说："我想去看看到底是些什么人每天在买票听戏，我们去卡纳奇大戏院看看去吧。"于是两个人又走过了十条街，到达了戏院门口。夏里宾在旁边仔细端详了一会儿来往的人群，和普雷斯聊起了自己对戏曲的看法，然后接着往前走。

"啊，我们快到中央公园了，据说这个公园很有名，里面还有一只奇特的猩猩，我也想去见识一下。"夏里宾兴致勃勃地说。于是不久后，当他们从中央公园走出来时，离百老汇的街角已经只剩下几条路了。

夏里宾还曾经停在一家礼品店的橱窗外，指着一列小火车对普雷斯说："这列火车我小时候也曾经有一个，它勾起了我很多童年的回忆。"普雷斯也想起了自己的童年，两个人相视一笑，继续往前走去。

当他们不知不觉走到旅馆门口时，已近黄昏，普雷斯感到很奇怪，今天自己走了这么多路，竟然没有觉得太过疲惫。在分手前，夏里宾认真地对普雷斯说："今天我们走了很远的路，这是我要给你的忠告，那就是不论未来你的目标有多远，担心都是没有用的，不如把你的注意力集中在眼前你感兴趣的小事情上，这会使你的路走起来轻松很多。"

多年以后，事业成功的普雷斯始终对夏里宾先生心怀感激，他永远不能忘记夏里宾先生对自己的忠告。

心灵悟语

"顿悟"由积累而生，而积累的过程中，你可以找到让自己喜欢的方法。要知道，生活是面镜子，你看到的其实是你自己的样子。如果我们想让自己的生活充满阳光，那么就必须先去做那个太阳。当我们将温暖洒向四周时，幸福的光芒才会折射回来。

别问为什么，顺其自然就好

我们的生命中会遇到很多不能改变的事情，别去问为什么。我们无法回到过去，同样也无法知道未来会发给你一手什么样的牌，我们终其一生也可能找寻不到原因。

滂沱的大雨是庄稼的养分，低垂的夜幕是星光闪耀的背景。大道天成，有时候顺其自然不是人生的妥协，而是生存的智慧。

从偶像剧女王到借内地拍戏把东方不败等角色演绎得深入人心，陈乔恩一步步走来，将她的事业上升到一定的高度。很多人都称赞她有眼光有规划。而她自己却认为这些只是顺其自然而已。

读书时期，因为频繁的转学，陈乔恩的学习成绩并不优秀。但她却在辗转的过程中培养了自己阅读的爱好，并且依靠编写校内的月刊文章和设计宣传画弥补了学分上的不足。

在台湾三立电视台的新秀选拔会上，面对高手如云的竞争对手们，陈乔恩并没有选择凭借美貌来征服评委，而是另辟蹊径以搞笑、搞怪的风格出奇制胜夺得冠军，从此踏入娱乐圈。

在陈乔恩的个性里，除了亲切、有趣，还有真实、坚持的一面。这份真实让她得罪过人，这份坚持让她被雪藏。出道不久的陈乔恩一直希望自己能够成为一名演员，这与公司高层对她的定位相背离。高层要求她按照公司为她设计的路线发展，她却据理力争。从此她的事业被冷冻起来。而她却没有因此变得圆滑世故，向现实低头，而是依然顺应自己内心的召唤，坚守梦想。正是这份坚持让她成了一名真正的演员。从女四号、女五号、没人愿意出演的未婚妈妈，开始逐渐收获了别人欣赏的目光。

2003 年底，陈乔恩受“三立都会台”高层苏丽媚钦点，出演了三立爱情偶像剧《千金百分百》的女主角。“三立都会台”是台湾有线电视台“三立电视”旗下的频道之一，它致力于打造华人电视剧新视野，开创了台湾偶像剧，这也是陈乔恩此后在偶像剧行当里风生水起的重要平台。在《千金百分百》中，陈乔恩分饰两角——庄飞扬和梁小凤。她把庄飞扬的沉静气质和梁小凤的活力无限诠释得淋漓尽致。她出色地把握住了良机，她的表演让《千金百分百》拿下了当年的台湾偶像剧的收视冠军。紧接着《王子变青蛙》《樱野 3 加 1》

《命中注定我爱你》等连续的片约让她获得了偶像剧女王的美誉，并在中国内地以及香港、澳门地区赢得了颇高的人气与关注度。

随着公司合约的到期，陈乔恩来到内地拍戏。2010 年 3 月，她受“春猪系列”导演范小天邀请主演了古装神话喜剧《春光灿烂猪九妹》，开拓了内地的事业。在《笑傲江湖》中，她饰演了亦正亦邪又充满柔情的女版东方不败。她的新东方不败的形象，让观众们消除了此前对她饰演此角色的诸多质疑，她的版本被媒体誉为“最妩媚版东方不败”。其后，《后会无期》《十月初五的月光》《奇迹：追逐彩虹》《放弃我抓紧我》《鬼吹灯之精绝古城》等剧让她扩大了表演类型，同时也让她获得了观众更多的肯定和喜爱。

幸运不会永远眷顾美丽的女人，如果有，那肯定是因为除了美丽之外，她还有别样的闪光之处。

对陈乔恩来说，机会的来临不是刻意的规划，而是顺心而为。顺应自己，顺应形势，你才有机会做自己喜欢的事，才能更接近自己的理想。正如明代先哲王阳明在颠沛流离中选择著书讲学，这才让他成就了“心学”，也成就了自己。

王阳明本名王守仁，“阳明”是他的号。他是中国古代著名哲学家、军事家、教育家和文学家，“心学”的创始人。他出生于官宦之家，自幼便喜欢研读兵法，好舞枪弄棒。当时在明代官场上讲求以文制武，老师便给他讲了一堆大道理，劝他不要因小失大，荒废学业。父亲也劝他说：“考取功名一样可以报效国家，今后不准再想带兵打仗的事了。”他表面上听从了父亲的劝告刻苦读书，暗地里却偷偷地学习骑、射、兵法，并且从儒释道三教中探寻天地的至理。他没有忘记自己成为圣贤的志向，并时刻在追求理想的道路上前进着。

几年后，王阳明没有辜负父亲的期望考取了进士，一路当上了兵部主事。一切似乎都顺风顺水，但他因为上书皇帝反对宦官刘瑾弄权误国，而被关进了锦衣卫狱，后谪贬他为龙场（今修文）驿丞。途中，他被刘瑾派人追杀，多亏他机敏诈死，才侥幸得以化险为夷。龙场是贵州荒蛮之地，生存条件恶劣，而且又和当地居民语言不通，但就是这样的地方却让王守仁安静了下来。他回顾自己的经历，日夜反省，终于彻悟了此前一直困扰着他的人生至理——“知行合一”。

来到龙场两年后（即1510年），刘瑾伏诛，王阳明贬谪期满，他被擢升为庐陵知县，并将庐陵县治理得井井有条。

1516年，江西、广东、福建交界山区匪患猖獗，朝廷派王阳明巡抚江西。王阳明一展所长，于两年内平定三省匪患。

其后，宁王造反，王阳明发挥才干，集结民兵、调配军粮、修治器械、发讨贼檄文、使用反间计，赢得战机。接着他利用心理战术巧破南昌，诱敌深入大战黄家渡，收九江、南康，擒宁王。用时仅三十五天，他以三万之众击溃宁王十万大军，这是军事史上的奇迹，也是王阳明“心学”的具体实践。

力挽狂澜的奇功，换来的不是朝廷的封赏而是从皇帝到大臣的集体猜忌。战争结束后，与王阳明一起平叛的官员除了一人受升，其他人或被拷问或被贬职，结局凄凉。兔死狗烹，鸟尽弓藏，王阳明看出了政治上的黑暗。于是他顺应形势辞去官职，此后致力于教书立说，传播“心学”。后人因为他在“心学”上的成就，把他和孔子、孟子、朱熹并称为“孔、孟、朱、王四大家”。继孔子以后，他成为中国历史上成就“立德”“立功”“立言”三不朽的千古完人。

心灵悟语

别报怨世事无情，别去追根寻底地探求原因，许多事我们没必要了解，许多事我们都无法掌握。花更多的时间去了解自己，了解时局，因势利导，想办法做好自己能做的，就已经足够了。

倔强固执，最后累的是自己

永远不要继续错误的、无谓的固执己见，用争论来证明自己。这既不是我们应该遵循的处世之道，又不是我们的立身之本。用佛家的观点来看便是“放下执念”。

那些没有意义的倔强固执，只会给生活增添不必要的麻烦，最后连累的是你自己，以及那些爱你的人们。

著名成功学大师戴尔·卡耐基曾经说过：“从争论中获胜的唯一秘诀就是让自己避免争论。”他的这句话是从自身的经历中有感而发。

有一次，年轻的卡耐基去朋友那里参加一场晚宴。在晚宴中，为了扩大自己的人脉，他结识了很多新朋友。把酒言欢之际，卡耐基突然听到身后有位来宾正在讲一则故事，故事生动有趣，让人禁不住侧耳倾听。

说到最后，那个讲故事的人用一句名言来收尾，那句名言是："不论我们如何去努力，我们的结果其实早已经注定了。"看到他的故事吸引了众多宾客，那位讲故事的人得意扬扬地补充道："这句名言出自《圣经》。"

卡耐基听了后，摇了摇头。熟悉这句话的他知道那位来宾弄错了，这句话并非出自《圣经》，而是出自莎士比亚的作品。卡耐基马上指出了来宾的错误。

那人听后面红耳赤，但他仍然坚持自己的说法："莎士比亚？这太荒唐了。难道你是想说你读的书比我还多么？我可是××大学的教授。我以自己的名誉作为保证，这句话明明出自《圣经》。"

于是，你来我往中，两个人的声音越来越高，为了这个微不足道的事情争执不下，围过来看热闹的人也多了起来。

恰巧，卡耐基的一个朋友也走了过来。这位朋友名叫甘蒙特，是知名的研究莎士比亚作品的学者。于是两个人就让甘蒙特来证明到底谁是谁非。

甘蒙特听说了事情的经过后，悄悄扯了一下卡耐基的衣襟，然后大声道："戴尔，教授先生说得没错，这句话的确出自《圣经》，是你记忆力出了问题。"卡耐基愣愣地望着他的朋友，半天没再说一句话。

晚宴结束后，卡耐基找到甘蒙特。他问甘蒙特："为什么要说谎，你明明知道那句话出自莎士比亚的作品。"

甘蒙特毫无羞愧之情，爽快地答道："是的，它出自莎士比亚的《哈姆雷特》，但是戴尔，我们是晚宴上众多的宾客之一，为什么一定要指出别人的错误，而不给他留点儿面子呢？你觉得这样做，别人就会认可你的学识，从而喜欢你了吗？为什么你一定要和他争论呢？在他说那个故事的时候，他并没有想去征求你的意见啊。"

看着哑口无言的卡耐基，甘蒙特又继续说道："戴尔，很多时候，我们一定要避免正面的冲突，那样做除了收获虚荣对我们毫无益处。"

这件事对卡耐基的影响非常大，从那以后他开始留心观察和研究人们的心理，并最终写出《人性的弱点》等著作，并成为美国现代成人教育之父。

很多时候，我们身陷那些无谓争论之中，即便一逞口舌之利赢得了争论，也会输掉我们在人际交往中的良好形象。也可能你认为这只是一件小事，但积少成多，终会给你的生活带来困扰。

曾经有一位很有名气的讲师，在一次课上，他拿着一个杯子走上了讲台，学生们都感到很莫名其妙，于是大家都聚精会神地看向讲师。只见他往杯子里注满了水，然后问大家："你们有谁知道这杯水有多重？"

"200 克。"

“300 克。”

学生们众说纷纭，讲师笑笑说：“是的，算上杯子的重量它总共只有 200 克，那么你们可以将这杯水端在手中多久？”

学生们笑了起来，才 200 克而已，拿得再久也不会成为大力士的。

讲师没有笑，他接着说道：“拿一分钟，各位一定觉得没问题；拿一个小时，手会发酸；拿一天、一周、一个月呢？恐怕要叫救护车才行。”

大家赞同地露出会心的微笑。

讲师继续说道：“其实这么轻的一杯水，不会给你们造成什么样的麻烦，可是你们拿得越久，负担越重。这杯水就好比一个人的恶习，起初看上去没什么，可是时间越久，它在你们身上造成的影响就越大。直到你们登上救护车的那一刻，你们才会后悔为什么当初会固执地以为没什么要紧，为什么没能早点抛弃它。”

一个小小的错误的执念也会伤害到我们，那么根深蒂固的错误理念会给我们造成怎样不可逆的影响？

在中国历史上，有这样一个人。他出生在东汉末年，虽是庶出（小老婆生的孩子），但凭借自己的勇武谋略在朝廷里声誉斐然。他指挥平灭了皇帝身边的宦官势力，统领过关东诸侯讨伐过董卓。在群雄割据时期，他击败了白马将军公孙瓒，统一河北，坐镇冀、青、幽、并四州，成为当时势力最强的军阀，因此名动天下。这个人就是袁绍。

然而这样一个有头脑、有领导能力、有号召力，军事财力等各方面都优于各路诸侯的人，竟然以强大的优势在官渡之战中败给了曹操，从此退出历史舞台。

官渡之战作为袁绍失败、曹操崛起的重要契机，受到后世史学家的重视。

有历史学家研究表明，袁绍在官渡失败的主要原因在于他的固执，在官渡之战时，连连拒绝谋士提出的正确意见，而对于对他不利的错误意见，却偏听偏信，执迷不悟。在政治号召力上，袁绍是臣，至多算是名臣，而曹操则代表了中央政府皇帝，高下立判。另外，袁绍的固执还表现在对自己固有的军事、财力上的迷信。当许攸、张郃、高览等部下投降曹操，乌巢的粮草被劫后，力量的变化让袁绍来不及应对。从这两方面可以看出袁绍的缺陷就在于固执，不能欣然接纳未来，所以他的失败也就是顺理成章的事情了。

积土成山，积水成海。看似微不足道的固执，毁掉了袁绍，毁掉了整个号称“四世三公、门生故吏遍布朝野”的袁氏家族。

袁绍的故事不能不让后世者如我们更加谨慎地审视自己，倔强固执真的只是一个人的个性上的小事儿吗？如果你认识到这是一种缺陷，那就需要你自己去找到补救和改变的方法，去珍爱自己，珍爱那些你爱的和爱你的人们。

不要为打翻的牛奶哭泣，也不要费力去锯木屑。有位著名的编辑在大学做演讲，他问学生：“锯过木头的请举手。”班里有一半的学生举手。接着他又问：“锯过木屑的请举手。”全班没有一个人举手，“很好，我希望你们一直能这样——不要去锯木屑，不要固执地去做不值得的事情。”

心灵悟语

糟糕的事情已经发生了，一味追悔就如同在锯木屑。因为专心锯木屑而看不到其他木头，这才是最惨的人生。在一个地方被击倒，换个地方或许重新能当回强者。不要执着于一个方面的失败，换个角度、换个方向，人生同样精彩无比。

行事要三思，但人生不要想得太多

不知从何时起，“整理收纳”越来越频繁地出现在人们的话题中。把杂乱的生活环境变得整洁清爽，受到人们的青睐，有人甚至总结归纳出整套的方法授课出书供人学习。

生活如此，其实人生也应该不时地进行“整理收纳”，让自己的生命看上去令人怦然心动。你的人生是否杂乱无章，是否让你疲于应对？从这一刻起，就开始进行有计划的整理吧。

上班路上遭遇堵车、突发疾病、领导临时增加的任务等等，这些情况我们在生活中经常会遇到，它们像突然从另一个世界里冒出来一样，令我们措手不及。如果我们能有自己的立场和目标，把握住主体方向，这些问题是很容易解决的。但首先我们应该清楚自己要什么，果断取舍，不要想得太多。

琼斯刚刚搬进新居，他想在第二天请一些客人到家里来庆祝一下。他买了一幅画想把它钉在客厅的墙上作为装饰。

这幅画有些大，琼斯一个人想搞定它有些困难，于是他请来邻居帮忙。

两个人将画搬起来在墙上比画了半天后，琼斯用铅笔在选好的位置上做了记号，然后他拿起钉子和锤子准备开工。邻居抱着肩膀在旁边提出了建议，他说："琼斯，我觉得这样简单地把画钉上去不好看，我们应该先钉两块小木板，然后把画嵌在木板中央。这样看上去会更有艺术感。你认为呢？"

琼斯想了想，觉得邻居的建议很不错，于是两个人出去找木板。木板很快被找来了，然而邻居说它太大了，就到自己家里拿来了一把小锯子，准备加工一下。只锯了几下，邻居皱起了眉头："太钝了，这样锯下去，我们两个一整天也做不完，我们还是先找把锉子锉一下锯齿才行。"琼斯家里刚好有一把锉子，琼斯连忙把它从工具箱里翻了出来。锉子被拿在手中，琼斯一看傻了眼。原来锉子的把手掉了。邻居不甘心，他跑到院子里去找一块适合做把手的东西，找了半天也没有找到。他索性出了院子，到不远处的小树林里找来了一根树枝。树枝粗细刚好合适，只是有点儿长，得把它砍短才能做把手。可是砍短它需要一把斧头，两个人家里都没有斧头。邻居自告奋勇到朋友家里去借斧头。

琼斯只得一个人在家里等待邻居借斧头回来。可是他左等右等，直等到太阳偏西，邻居也没有回来。琼斯只好随便地找来两根钉子钉在了墙上，他把画挂了起来，欣赏了一会儿，觉得还不错。随后琼斯来到邻居的朋友家，叫他不用忙碌了。

走到这位朋友家门前，琼斯就看到邻居正和朋友一起抬着一个大电锯出来。琼斯忙问这是怎么回事儿。原来，朋友家的斧子太钝了，为了做一个能架磨石的架子，他们要到小树林里砍一棵树……

要挂起一幅画，其实很简单，在条件允许的情况下，我们也可以把这件事做得更完美。可是，仅仅为了做得更出色一些搞出这么多事情来就有些本末倒置了。很多时候，我们只需要把握当下，全力出击就可以了，我们没时间去考虑太多的细枝末节。我们要的仅仅是在第二天能有一个欢快的聚会，而不是成为一名艺术家。

确定清晰的目标，我们才能更方便取舍，而不是疲于应对。

有两个名牌大学管理系毕业的高才生一起进入一家公司工作。两个人资历相同，才能相近，而小B受到了领导的受用，小A却恰恰相反。为此，小A心怀不满，私下里说小B是否是领导的亲戚，要不然为什么自己受到冷落。

一天，临近中秋佳节，经理把小A叫到办公室，要小A去附近的水产市场里看看有没有大闸蟹卖。小A听到领导亲自交代下来的任务，觉得这是一个让领导看到自己优点的好机会，他决定好好表现一番。

他以最快的速度跑到了水产市场，仅仅半个小时，又赶回了经理办公室。他对自己的做事效率很满意。他告诉经理："我去看了，市场里有好多卖大闸蟹的摊子，这个时节大闸蟹又大又肥。"他满眼期待地看着经理，等待着经理的表扬。

哪知，经理看了看气喘吁吁的他，问："那些大闸蟹是论斤卖还是论个卖，是什么价钱？"小A一听就傻了，心想你让我去看有没有卖大闸蟹的，又没吩咐我打听这些啊。他支吾着道："领导，您等等，我这就去打听。"半个小时后小A又满头大汗地跑回了办公室，见到经理后喜滋滋地说："我都打听清楚了，他们的大闸蟹60块钱一只，全市场都是按个卖的。"

经理点点头，让他在沙发上好好休息，还递给他一条毛巾让他擦汗。然后当着他的面把小B叫进了办公室。经理对小B说："小B，麻烦你到水产市场跑一趟，看看那里有没有大闸蟹卖。"小A坐在沙发里，看着平时身体不如自己的小B，心想这次你总算不如我了，你再努力也不会比我快。小A擦着头上的汗，等着看小B出丑。

然而，小B却并没有马上动身，反而问经理："经理，您要买大闸蟹做什么用？"经理回答说："每年中秋节公司都要给员工们发一些礼品，这几年发的都是月饼，大家都不是很喜欢。今年，我想不如换些花样试试。”

小B答应了一声，转身就出去了。四十多分钟后，小B提着两只大闸蟹回来了。他对经理说：“经理，我去问了，市场里有两家的大闸蟹卖得最好，都是阳澄湖的大闸蟹。4两重的蟹60块钱一只，6两重的90块钱一只。两家的店主都说，只要买的数额超过500只就可以打9折。一家店主还答应，每3只大闸蟹就送一袋烹饪调料。我想公司里的年轻人居多，大家可能都不太会煮，送调料的比较合适。不如4两重的每人送3只，正好带一包调料。公司里的部门领导，可以选择6两重的看起来个头大的，更上档次。这不每一种我都拿回一只，您看看东西再做决定好了。”

经理看了看小B，满意地点点头，又看了看坐在沙发里的小A，什么话也没说。不久小B被提升为部门主管，而小A这次什么牢骚也没发。

我们每个人都希望得到认可和肯定，努力追求美好的生活。故事里的两个年轻人都很努力，包括小A。但在这个过程里，小B心中先确立做事的目标，然后围绕目标进行思考、拓展，最后提出方案供领导选择。小A则属于盲从，领导吩咐什么就做什么，虽然努力，但多数的行为（比如跑了两趟市场）却是无用功。

我们多数人活在世俗之中，难免会被名利牵绊。做任何事之前，总是考虑得失多一些，憧憬功成名就多一些。事实上想得越多越是犹豫，导致不是半途而废就是索性连开始都不开始。于是诸葛亮为儿子留下遗训："非淡泊无以明志，非宁静无以致远"，做不到淡泊名利、清心寡欲就不能明确和坚定自己的志向，做不到神宁心静就不能实现长远的理想。

心灵悟语

整理人生和收纳物品的道理是一样的，选择用得上的，割舍无用的，不要贪婪。树立简单的目标之后三思而行，量力而行。我们可能永远无法找到"不负如来不负卿"的双全法，但我们可以做到让自己的人生怦然心动。

将忧伤写在纸上，再看它值不值得

任何事情，经过长时期的重复都会形成一种习惯。忧伤也一样，如果你正经历失恋，那么你走过熟悉的街道，头脑里便会自然地形成曾经与爱侣携手漫步的画面，忧伤也会悄悄袭上心头。反复如此，到最后你一看到这条街，就会心酸。

让你忧伤的事情真的有那么严重么？严重到一见街道就会流泪的地步？也许你只是习惯了！

习惯有一种潜移默化的力量，让你不由自主。拿吸烟这件事儿来说，我们都明白吸烟有害健康，可为什么烟草公司每年纳税额高达数万亿元，有那么多人正习惯着用吸烟来伤害自己的身体。

我们可以简单地把吸烟的利与弊写出来对比分析。吸烟可以提神吗？可以放松身体吗？可以缓解压力吗……在你百度过之后，你会发现答案很统一：不能。吸烟除了增加空气污染、减少人的肺活量、提高尼古丁中毒的概率等等坏处之外，简直没有一点儿用。

有很多事情，只有写在纸上才会一目了然；有很多事情，只有亲身经历才会得出真相。

从前，有位农夫花费了一年的积蓄买了一头驴。他盘算着这头驴可以拉车，可以拉磨，可以为自己赚上很多钱。再等来年驴子长大了还可以生几头小驴，那时候他的生活就富裕了。他把驴当成了宝贝，舍不得骑，高高兴兴地赶着驴往家走。

谁料想，快走到家的时候发生了意外。这头驴不小心掉进了村口的一眼井里，虽然井已经枯了，可还是很深。农夫急急忙忙进了村子找来了左邻右舍帮忙。大家用绳子想把驴拉上来，可是一直忙活了好几个小时都没有成功，这头驴一刻不停地在井底嚎叫，心疼得农夫眼泪在眼圈儿里打着转。

第二天，不甘心的农夫又请了几个人帮忙，可还是无功而返。最后农夫不得不选择放弃任何的努力，呆呆地坐在井边直到深夜。可是驴在井底叫个不停，吵得大家夜里不能入睡，于是农夫只好叫上儿子，两个人一起拿着铁锹，准备铲土把驴子埋了。

这头驴眼见一铲一铲的泥土从头上落下来，叫得更加凄惨了，可是过了一会儿，它忽然不叫了。忙得满头大汗的农夫很好奇，打开手电探头往井里一看，驴子的位置竟然比原来高了很多。原来，每当泥土落到它背上时，它就用力抖一抖，将泥土抖到地上，然后抬抬脚使劲踩一踩。就这样，泥土越来越多，驴子也站得越来越高！农夫见到这样的情景，不禁赞叹这头驴的聪明，心中也感到分外庆幸，赶忙加紧了铲土。于是不久后，当泥土终于快要堆到井口时，这头驴得意扬扬地一跃，轻松地跳出了枯井，抖了抖身上的尘土，一跳一跳地跟着农夫回家了。

也许世上根本没有什么必败的结局，很多时候，我们所预言的结果只是出于自己的想象。那些令我们忧伤的事情，其后果并没有想象的那么严重。跳出思维的限制，写出来，再进行设身处地的理性分析，总能想到解决问题的方法。

有一对父子住在山脚下的村子里。他们每天都要去山上砍柴，然后两人一起赶着牛车去镇上贩卖。村子离卖柴的小镇很远，只有一条弯弯曲曲的小路可以到达。每次卖柴，经验丰富的父亲总要亲自驾车，坐在老牛的身后。山路崎岖，儿子担心父亲眼神儿不好，每次走到弯路的时候总在大声提醒："爹，转弯了。"

有一次，父亲生病了，躺在家不能和儿子一起去卖柴。孝顺的儿子只好一个人驾车去小镇，他打算卖完柴，立即去药铺抓些药给父亲吃。所以他急急忙忙地赶路，想快一点儿为父亲买到治病的药。可是，当他驾着车走到山路转弯的地方，老牛却怎么也不肯走。儿子挥起鞭子抽打老牛，老牛还是一动不动。儿子急忙下了车，又推又拉，老牛依旧停在原地。儿子从身旁拔了一些青草诱老牛向前走，老牛索性把头转到了一边。

眼看着时间不早了，儿子焦急地哭了起来。他想，如果父亲在这儿就好了，父亲肯定能想出办法来，老牛也最听他的话。他习惯了凡事都依赖父亲，可现在……想到习惯这两个字，儿子突然了有主意。他走到老牛的身旁，贴近它的耳朵大声喊道："爹，转弯啦。"

随着这一声叫喊，老牛迈开了四蹄。

抛弃依赖父亲的坏习惯，利用老牛转弯的好习惯，儿子成功地去小镇上卖了柴，买了药。一件看似为难的事情，就这样被解决了。如果当时儿子仅仅坐在原地哭泣、忧伤，恐怕现在仍赶不到小镇上，父亲的病也不会得到及时救治。面对问题，忧伤有害无益。

岁月无情，年华易老，这是一个让人忧伤的话题。我们没法阻挡时光的流逝，可即使我们老了，我们仍然可以做自己想做的事情。哪怕是在对身体要求非常苛刻的运动赛场上，上了年纪的人仍然可能通过练习取得优异的成绩。据科学研究表明，在今天，60 岁以上的马拉松爱好者中，大约有四分之一的人有希望通过科学的训练，在比赛中击败一半以上年龄为 25 至 54 岁的竞争对手。

2015年圣迭戈老年奥林匹克竞赛中，来自美国的百岁老人唐·佩尔曼克服38摄氏度的高温天气，在一天内打破五项田径比赛年龄组的世界纪录。这五个项目分别是跳高、跳远、铁饼、铅球和100米短跑。其中100米短跑的项目上，他成了27秒内完成的第一个百岁老人。在撑竿跳的项目上，没能打破世界纪录是他心中小小的遗憾。

人们习惯了人的身体状态在30岁以后便开始走下坡路的传统观念，很多人即使喜欢运动也认为因为年龄的限制，自己不会再有什么成就，所以选择放弃。可是看到唐·佩尔曼的成就，你还认为放弃积极的选择是正确的么？随着年龄的增长，我们的精力、体力的确大不如前，受伤的风险也随之增大，练习后身体恢复所需要的时间也越来越长。但时光易老真的不值得感叹，我们只要定期参加练习，减小练习强度，给自己多一点时间，一切都会迎刃而解。

心灵悟语

如果我们真的无法排遣忧伤的情绪，那请把那些让我们忧伤的事情写在纸上，看看它值不值得。不管怎样，不要把忧伤养成一种习惯，那样痛苦的只是你自己。

其实没事发生，你只是累了

保持物体的匀速直线运动需要很多条件，连空气都会造成摩擦，任何一个小小的沟坎都有可能让其偏离轨道，所以往往需要物体本身提供可以克服阻力的动力。

我们是能量的载体，我们需要休息不仅仅是娱乐神经，也是为了补充能量，持续前行。但很多人在休息的时候总是会有不同程度的担心，“世间本无事，庸人自扰之”，哪里有什么事情发生，你只是累了罢了。

凡事都有一个度，追求效率节约时间是件好事，但过了度好事也会变成坏事。

一位国外的专家曾经做过一个有趣的实验。他让实验的参与者们分别待在一个封闭的房间里，房间里摆着一张桌子，一把椅子，两个CD机以及数张音乐CD。参与者可以任意选择自己喜欢的音乐放给自己听，他们被要求闭上眼睛，全神贯注地倾听，然后给这首曲子从 1 到 10 选择一个分数。

然后，再重新选择另外一首曲子，重复上一次的步骤。

最后，专家让参与者们把选择过的两首曲子同步播放，进行最后的评分。

结果表明，第一次的评分大多数是满分，第二次也都在 8 分以上，而第三次的结果无一例外，都是 0 分。

再好的音乐，在同一时间里播放，旋律节拍彼此干扰就都成了噪音。我们在做事时只追求效率，不考虑各方面的因素放在一起是否彼此干扰，结果常常会事倍功半。正如螃蟹是美味，柿子也是美味，把两种食物放在一起享用却会中毒一样。

其实有效分割，协调关系才是取得最佳利益的秘诀。从某个角度来说，过度是一种自我肯定的膨胀，超越了我们的实际能力。本来可以顺利完成的事情，被我们绕在了一起，过犹不及，到时候累的只能是我们自己。

过度不仅会增加麻烦，造成我们的困扰，还有可能成为别人眼中的笑料。

美国第七任总统安德鲁 · 杰克逊是一位平民出身的总统。有一次他的一位亲戚因病去世，杰克逊参加了亲戚的葬礼。在葬礼中，杰克逊遇到了一个医生，医生恰好给去世的亲戚治疗过。医生对杰克逊说："您的亲属患有严重的瘫痪性中风，在您的家庭里有好几个人都是患这种病丢掉性命的，如果您有时间最好来我的诊所里，我会给您进行全面的检查。”

杰克逊听说后吓了一跳，他赶忙向这名医生致谢，并约好了检查的时间。可是因为那段时间杰克逊公务缠身，他并没有去医生那里检查身体。又过了一些时日，杰克逊几乎把这件事忘得一干二净。

一天下午，杰克逊实在累极了，在工作的时候趴在桌上睡着了。他睡了整整一个小时，醒来时发现办公室的窗户没有关，风很大，吹得窗帘呼啦啦作响。杰克逊想站起身把窗户关上，但他刚刚伏案起身，便发觉自己的腿有点儿不听使唤。他猛地想起数日前医生的忠告。难道我也得了中风吗？他害怕了起来，眉头紧锁，似乎看到了厄运的来临。他想过一阵子一定要去医生那里做个全身的检查。

第二天，杰克逊约见了一位女士。这位女士是一位象棋高手，恰好杰克逊也刚刚学会国际象棋，趁会谈结束的时间还没到，两个人决定下一盘棋。刚走了没几步，杰克逊突然双手垂下，面无血色，呼吸急促，看上去异常虚弱。

“它还是来了。”杰克逊无力地说道，“中风还是来了，我身体的整个右侧瘫痪了。”

“您是怎么知道的呢？”这位女士不解地问。

“我刚才在右腿上捏了几次，一点感觉也没有。”杰克逊忧伤地说。

“可是，先生，”和他下棋的女士诧异地说道，“你捏的是我的腿啊！”

杰克逊尴尬地说不出话来。他的过分忧虑，让他闹了个大笑话。

每个人都有情绪紧张的时候，应该学会适时地放松身心，不去无谓地忧虑，在得失之间放开自己，展现自我，才能享受到生命赐予我们的美好。

于丹教授曾说过，三十而立，应该用减法生活。我们要学会让心灵通透，减去多余的忧虑和麻烦。

有一位父亲觉得自己的十六岁的儿子没有一点男子汉气概，于是他去求助禅师。禅师让他把儿子送到寺庙，禅师会亲自教诲。一年以后，儿子回到家。父亲安排了一场摔跤赛，让儿子展示他的男子汉气概。可儿子总被打倒，又一次次站起来，然后又被打倒。父亲看了很失望，他问禅师：“为什么他还是这么没用，如此轻易就被打倒了。”禅师说：“为什么你总是看到他被打倒，却看不到他站起来的勇气？”

威廉本来是个卖饼干的小商贩，却在“二战”时被征召入伍。他只接受了两天的训练，就被派往海岸防卫队位于大西洋的一个工作处，任务是看管炸药。他从来没有见过炸药，更没有见过千万吨炸药。他根本不知道如何跟炸药相处，因为他只学习了两天跟炸药有关的知识，而且那些知识都是些皮毛，如何保持炸药的稳定性，如何保证自己的安全，他一概不知。他所能做的就是站在仓库外面瑟瑟发抖，从头到脚都冒着寒气。他无数次幻想炸药爆炸的画面，越想越惊恐。

这一天，威廉奉命把部分炸药搬到一艘船的船舱内。那个夜晚并不特殊，但在威廉看来却是危机四伏，谁知道哪一箱炸药就会了结了自己。他跟其他战士要用铁索把炸药运上船，一共五千磅。他不禁想：“如果铁索断了，那这些炸药足够把码头炸飞。天呐，这太可怕了。”他吓得浑身僵直，冷汗直流，嘴唇不住哆嗦，手脚根本不听使唤。

“嘿，你在干什么，你这样会害死我们的。”身边一个战士看着双手哆嗦的威廉说。

“这可是炸药，能把我们都炸死，难道你不怕吗？”威廉声音都开始发颤。

“你怕有什么用，你越怕被炸死的可能就越大。放轻松，被炸死是最痛快的死法。”战士说。

威廉突然感到了一阵轻松，“是啊，被炸死是一瞬间的事，根本感觉不到痛苦，这比患上癌症要幸运多了。谁都会有死的那天，现在要么是镇定一点面对现实，争取顺利完成任务，要么是失误炸死自己。当然，我还有另一种选择就是逃跑，但我只要一迈脚，就会被身边的同伴打死。太棒了，我还有这么多选择，而且显然第一种选择更现实。”他告诉自己。

最后，他成功完成任务，而且活着度过了最疯狂的战争年代。退伍之后，他像从前一样经营自己的饼干店，而且在饼干店挂了一个小小的炸弹模型。经常会有客人问他为什么挂一枚炸弹，他说：“它教会我勇敢面对不能改变的现实。”

《圣经》中有句教诲：“对不可避免的事，轻松去承受。”放松心情，或许就能找到出口。

心灵悟语

人要找到自己的位置，要明确自己一生的职业和奋斗的方向，不能再盲目付出。这就是减法，把那些无关的事情去掉，让它们不再占用你的时间和精力。利用好时间，充分的休息补充能量，你的忧虑自然无所遁形。

第六章

告别轻抑郁的生活方式

平凡如你我，还没有资格悲天悯人

成熟的一个重要标志是知道自己并不是世界的中心。面对那些外界传递进来的消极的反馈，与其悲天悯人，不如珍惜时间积极寻找应对之策。

世界就摆在那儿，并不会因为某个人的意志而改变。我们能做的只是努力去活出最好的自己。

人总会有失误的时候，人生在世，难免会交友不慎。20世纪90年代，一名普通的年轻女教师罗琳和她的记者男友结了婚。然而，婚前男女千般好，一起生活万事难。他们从丁点儿的芝麻小事开吵，升级到大打出手，直至视对方如千年仇敌转世。13个月后，罗琳的丈夫在一次激烈的争吵后，把罗琳和他们刚100多天的女儿杰西卡扔在了波尔图，而他从此再没有回来。

身处异国他乡，工资微薄，还要照料嗷嗷待哺的孩子，无奈的罗琳只好带着女儿回到有妹妹在的英国爱丁堡。世界带给她的不只是冰冷，同时还有精神上的折磨，她患上了严重的抑郁症。

接下来的日子应该怎么办？是报复那个伤害自己的男人，还是悔恨到放弃生命选择自杀？如果选择了其一，那女儿怎么办？望着女儿稚嫩可爱的小脸儿，罗琳做出了自己的决定。

罗琳喜欢写作，她想成为一名作家。她先花了 9 个月的时间来接受行为认识治疗。接着，她竭力地向政府申请到了一份失业救济金，用来交房租和必要的消费。最后，她向丈夫提出了离婚。她翻出两年前曾经放弃的旧稿重新开始创作。冬天，她为了让女儿更容易睡觉，就推着婴儿车跑到附近的咖啡馆里，一边照看女儿一边写作。贫穷让她义无反顾，生活的压力逼着她尽可能快速地学会写作。

1997 年，罗琳的第一部小说《哈利 · 波特与魔法石》被出版社推出。小说一经出版，便受到如潮的好评，在当年便获得了英国年度图书奖儿童小说奖，以及斯马蒂图书金奖章奖。随后，《哈利 · 波特与密室》和《哈利 · 波特与阿兹卡班的囚徒》……几乎以每年一部的速度陆续问世。截至 2008 年，《哈利 · 波特》系列 7 本小说被翻译成 67 种文字在全球发行 4 亿多册，并引出了一个总价值 70 亿英镑的附带工业。小说的成功，给罗琳带来了巨额的财富，她的私人财富几近 5.45 亿英镑，超过了英国女王。她成了人类历史上第一位依靠写作而晋升的亿万富豪。

回忆当初，罗琳表示非常感激给她治疗的那位心理医生。经过治疗，即使在那段最艰难的日子里，罗琳也能清楚地意识到自己没有资格去自杀，更没有时间去抱怨和悔恨。为了能让自己和所爱的人拥有正常的生活，她拼尽了所有的力气才争取到今天的一切。世界没有改变，那个抛妻弃女的男人也没有变，改变的只有罗琳自己。

2012 年，美国职业男篮NBA的“雷霆三少”带领球队在 0 比 2 落后的情况下连扳四场，挑落马刺队杀入年度总决赛，让每一位篮球迷记住了威斯布鲁克这个名字。接下来年度型男、两度全明星MVP、入选名人堂，更让人看到了他星光闪耀的一面。然而人们似乎忽略了威少成名前所遭遇的那些常人几乎无法跨越的屏障。

威斯布鲁克出生于洛杉矶中南部的康普顿，这里黑帮遍地，毒品盛行。在威少出生后不久，他的父亲便因为涉毒而被指控入狱。这样的环境和家庭，使得威斯布鲁克的成长堪忧。

威少 9 岁时，父亲曾经的好友被一颗子弹击中眉心而亡。老友的离世，让老布鲁克重新思考了人生。他常常带着年幼的威少去球场打球，因为在整座城市里只有球场是相对安全的，也只有篮球才能让儿子远离黑帮和毒品。

让老布鲁克遗憾的是，威少的个子很低。在高中三年级时，威少的身高只有179厘米，这样的个子注定他在职业篮球一行前途黯淡。没有教练会关注一个身高不足6尺，体重只有140磅（约63.5千克）的家伙。威少的高中教练雷吉·莫里斯带着他去某大学训练营，对方的教练们看了看这个小个子，毫不留情地直接拒绝了他。几乎所有人都认为，他无法在篮球界找到出路。

拒绝和不屑没有击倒年轻的威少，相反他更加努力。他在南加州的海滩上疯狂地练习跑步，在家的时候练习敏捷移动。不管做任何事他都会给小腿绑上沙袋，以增强自己的力量。为了增高，他见到有类似单杠的物体，就会抓住做引体向上。一年后，这个固执的天蝎座男人终于长高到191厘米。此时，司职后卫的他刚刚能够扣篮。

威斯布鲁克的勤奋代替不了身高和天赋上的缺陷，关注到他的只有马力蒙特、克莱顿以及科特州立的几所普通大学。而他的好友兼队友巴斯的境遇恰好相反，他吸引了名校里那些挑剔的目光。可惜天妒英才，巴斯因心脏病突发，不幸去世。挚友之死让威少痛苦不已，他在自己的腕带上写下好友的名字，希望巴斯的灵魂与自己同攻共守。

为了能进入巴斯期望已久的学校，威少对自己的训练几近疯狂。这一年，威少做出了很多出人意表的事情。在对阵卡森高中拿下职业生涯最高的 51 分并被几所名校同时选中的情况下，他却选择了的后卫线爆满的加利福尼亚大学洛杉矶分校大学。他选择这所学校也意味着他基本没有上场机会，他的前面是达伦 · 科里森，是阿隆 · 阿弗拉罗，以及一群有 NBA 实力的替补后卫。

命运似乎依然残酷，前路依然铺满荆棘。他的几次短暂的出场，被人评价为不会投篮，不能打控球后卫。但是威斯布鲁克却继续他的偏执。他在训练时同样拼尽全力，每天他都会在左侧底线投 1000 个皮球，投完之后在右侧也练习 1000 个。时间是最好的裁判，威少的第一年大学生涯仅出场 325 分钟，然而到了第二年，他的出场时间暴涨至 1318 分钟，人们的目光终于慢慢地落在了他身上。

命运都是掌握在自己手中的，相信自己，才能获得成功。

曾经有个年轻人到寺院要求见借住在这里的“张半仙”。法师问他：“为什么来见张半仙？”

年轻人说：“我听说他算命很准，所以特地来求一卦，我想知道自己的命运。”

法师说：“每个人都有佛性，你的命运在自己手里，要相信自己有能力改变自己的命运，别人怎么能帮你算出你的命运呢？”

年轻人说：“我听闻张半仙非常灵验，据说有位年长却没有出嫁的女士来找张半仙算命，张半仙只是看了看她的手相就说她快结婚了，而且会有四个儿子。后来这位女士果真结婚了，而且是四个孩子的后妈。”

法师听罢笑着说：“这倒是巧合得很。张半仙的确在这里住过一阵子，也靠算命挣了不少钱，但他昨天走了。”

年轻人问：“他为什么走？去哪了？”

法师说：“去哪了我不知道，为什么走我倒是清楚。他前不久给一个壮汉算命，说壮汉有财运。没想到之后壮汉竟然抢走了张半仙的钱。后来和尚们劝他去报案，可他却说：‘我看过他的手相，他的确是有财运，而且没有牢狱之灾，还是算了。’年轻人，若是你该怎么办？”

年轻人说：“我会去报案。”

法师笑着说：“这就是了，你看你不是挺相信自己的决定吗，又何必让别人来左右你的命运呢。”年轻人听后，心满意足地回家了。

心灵悟语

所有消极的反馈，看似排山倒海，摧毁一切，其实不过是上天赐予的试金石。人生短暂，平凡如你我，不如用悲天悯人的感慨时间来让自己做一次小小的改变，也许那时你会看到一个不一样的世界。

把孤独变成一个人的狂欢

社交范围单一狭小的人更容易陷入孤独的境地，但孤独的种子并不一定非得开出抑郁的花。

在我们生活中的某个特定阶段，也许孤独在所难免。尝试扩大社交圈积累人脉固然重要，利用孤独把自己磨成一把利剑更是一种必不可少的有效方案。

内向的人如何最有效地改善自己的朋友圈，更健康地拥抱生活，我们不妨看看“内向代表”爱因斯坦。

现代物理学的开创者和奠基人，1921 年的诺贝尔物理学奖的得主爱因斯坦是一个沉默寡言的人。他自幼语言接受能力就很差，一直到 3 岁才会开口说话。他不像别的孩子那样活泼，常常安静地侧耳倾听热爱音乐的母亲弹奏的乐曲，目光悠远，一言不发。为此，母亲非常担忧。在父母的眼里他似乎是个只喜欢沉浸在自己的世界中，内向、不擅交流的孩子。

1886年，爱因斯坦就读于慕尼黑公立学校。学校的老师都不喜欢他，因为他成绩平平，既笨拙又不专心学习。连上课的时候，他也常常仰望着天花板，心不在焉。他不能良好地掌握拉丁文语法、回答问题时反应迟钝、手工课的作业完成得一塌糊涂，因此常常遭到同学们的白眼和嘲笑。所有人都怀疑他有抑郁的倾向，甚至他的智力存在着某种障碍，以致他的升学都成了问题。不出人们所料，爱因斯坦的升学考试考了两次，最后一次终于因为物理学方面的优异成绩被苏黎世联邦理工学院录取。

大学的时光转瞬即逝，转眼到了毕业季。爱因斯坦形象邋遢，不善言辞，毕业很久仍然没有找到合适的工作。他曾努力地申请留在母校大学教书，可是校方基于他自由散漫的日常表现冷漠地拒绝了他。他只得做些零散的工作来维持生计。1902年，爱因斯坦的校友格罗斯曼伸出援助之手，通过自己的人脉关系在瑞士尼伯尔专利局帮他谋到了一份稳定的工作。

在专利局工作的日子里，爱因斯坦并没有专注于提升自己的交际能力，拓展和发展自己的事业，相反他终日蓬头垢面，特立独行，人们见了纷纷闪身躲避。他恣意地享受孤独带给他的宁静，他把自己完整地放进了想象的空间里。在一次家务劳动中，他不小心从梯子上摔下来，这让他陷入了深思。他想：人为什么会笔直地掉下来呢？看来物体总是沿着阻力最小的线路运动的。这个想法推动了他对相对论研究。

工作三年，爱因斯坦先后发表了五篇论文。从光的波粒二象性到狭义相对论，每一篇论文提出的观点都是现代物理学的标志性成果。十年之后，爱因斯坦又提出了一个伟大的理论——广义相对论。1921 年，爱因斯坦又提出光量子的概念，并用量子观点成功地解释了光电效应现象。由于这一推动量子力学发展的杰出贡献，使他荣获了当年的诺贝尔物理学奖。

十年辛苦无人问，一朝成名天下知。不擅交际的爱因斯坦终于建立了属于自己的人脉。而他的朋友圈几乎囊括了当时物理学届或者数学界的所有泰斗。更有趣的是当年那位帮助他找工作的格罗斯曼也成了数学界的大咖。但是人们提及格罗斯曼时，更多的是说这位是爱因斯坦曾经的校友。

我们承认爱因斯坦在理论物理学上的天赋，可只有天赋没有努力钻研的时间也不会成就他的丰功伟绩。我们不得不承认，正是那些年的孤独为爱因斯坦提供了宝贵的时间。

时间是无价之宝，但分配给每个人的是不同的节点。

对褚时健来说，这个节点应该在他 71 岁的时候。可我们还是应该从 1979 年说起。

1979 年，51 岁的褚时健接手濒临破产的玉溪卷烟厂担任厂长。经过 18 年的苦心经营，褚时健和他的团队打造了亚洲最大的卷烟企业——红塔集团。18 年里，整个红塔集团为国家创收 991 个亿。

1999 年，71 岁的褚时健因经济问题锒铛入狱。昔日的桃红柳绿、风生水起，换来的是此时的身陷囹圄、铜墙铁壁。褚时健的人生从巅峰一下子跌入谷底。祸不单行，妻子入狱，女儿自杀更给他带来濒临神经崩溃的打击。亲人的离散，比之自己失去自由更让人难以承受。他从没想过，自己会在这样的年纪陷入深深的孤独。

2002 年，74 岁的褚时健因为严重的糖尿病在狱中几度晕倒。精神和肉体上的双重折磨时时敲击着这个风烛残年的老人。保外就医后，经过数月的时间，褚时健慢慢恢复了行动能力。一个人的日子里，他没有寄情山水，以度残生，反倒跑到了附近的哀劳山上开垦荒地干起了农活儿。劳动让他慢慢摆脱了精神压力，让他的身体逐步恢复了健康。年底的时候，他索性承包了 2400 亩的荒地种橙子。

橙子的回报周期长，种植采果都是重体力劳动。一个身患糖尿病的老人面临着时间和身体的双重考验。另外，对于一个坐过牢的人，信任危机也是他面对受雇果农不得不考虑的重要问题。

有困难就一样一样地解决，这是褚时健的人生信条。

从肥料到剪枝再到选果，从包装到销售再到运输，褚时健无时无刻不把心思花费在果园里。他把自己从种橙的门外汉培养成了大行家。时光荏苒，一晃儿 14 年过去了。88 岁的褚时健因为经常劳作，面目黝黑，看上去像一个普通的上了年纪的农民。但一说起橙子，人们会看到他神采飞扬，精神抖擞。橙子成了他的朋友，他的女儿，他的最爱。除了健康，果园带给褚时健的还有亿万的财富，如今的“褚橙”果园固定资产 8000 万，年产值 3000 万，是名副其实的橙子王国。

说到这些，褚时健显得很淡然。健康，他有过；财富，他也创造过。这些对他来说都是成功的附属品。他的成功是从孤独中找回了真正的自己。那些专程探访的记者、商业精英，甚至为他打工的附近的果农，无一不是他重建人生后获得的社交圈。社交圈的重组，不仅是因为他给人们以对财富的新的定义，更重要的是他带给人们对生命价值的一份虔诚与尊重。

心灵悟语

在时间的节点里，孤独总会与我们不期而遇。我们无法判断它何时来敲我们的房门，也无法提前准备。那索性就放松身体去享受那份孤独，与自己融洽相处，把孤单的旅程变成一个人的狂欢。

不愿孤独地死去，就要好好地活着

不知道从何时起，我们对梦想这个词开始羞于启齿，我们习惯于懒散和得过且过的生活。说到梦想，我们会脸红，因为我们既在意别人的嘲笑，又在内心深处觉得自己不配。

如果不做任何改变，我们可以预见到未来的模样。衰草配枯杨，孤独苍凉地做一只逐渐老去的离群的雁。既然我们不愿孤独地死去，那就请再回头瞧一眼曾经的梦想吧。

导演李安在成名前是一个孤独的人。在读书的时候，他就一直希望自己能成为一名世界级的导演。为此他想去美国留学深造继续学习影视拍摄，但他的这个想法遭到家人的强烈反对。父亲愤怒地对他说：即使在美国成功的电影导演也是寥寥无几，不要再有痴心妄想，做人要脚踏实地，回学校教书才是李安最好的选择。然而年轻气盛的李安还是义无反顾地踏上了他的留学之路。

直到李安结婚生子，他依然籍籍无名，甚至在孩子出生后，他竟然连工作都丢掉了。全家人的生活开支仅仅依靠妻子微薄的收入来维持。可他并不打算放弃自己的梦想，每天都坚持阅读、看片儿、写剧本。为了减轻妻子的负担，他包揽了几乎全部的家务，买菜、做饭、洗碗、带孩子，他成了一名全职的“家庭妇男”。在中国人的传统观念里，男人不养家等同于“吃软饭”。李安的亲戚朋友都劝他走出家门，去找份工作，哪怕做名小小的打字员也好。李安只是摇摇头，继续做他的“贤内助”，而且一做就是六年。

李安总是满脸笑容，谦和地对应着外界所有的非议，不解释，不反对。甚至对妻子他也从不流露出苦恼挣扎的负面情绪。他选择一个人抵抗整个世界，一个人承受内心的水深火热。他相信只要自己坚持努力，最终一定能够度过这段艰难的日子。为了更多地接触电影拍摄，李安偶尔也帮人家拍拍小片子、看看器材、做点剪辑助理、剧务之类的杂事，还有一次到纽约市郊的一栋空房子里去帮人守夜看器材。空闲的时候，他便仔细研究好莱坞电影的剧本结构和制作方式，试图将中国文化和美国文化有机地结合起来，创造一些全新的作品。

1990 年，李安完成了剧本《推手》，赢得了 40 万台币的奖金，并开始执导该片。《推手》一经推出便获得了巨大的轰动。之后他相继推出《喜宴》《饮食男女》《卧虎藏龙》《断背山》《色·戒》《少年派奇幻漂流》等电影。截至2013年，从未放弃梦想的李安，共获得三次奥斯卡金像奖、五次英国电影学院奖、四次金球奖、两次威尼斯电影节金狮奖以及两次柏林电影节金熊奖。

李安的梦想没有孤独地死去。他一直在努力改变自己，只是这份改变的外表如平静的海面波澜不惊，实则暗流涌动从未停歇。

时代的洪流会冲走一时的声名显赫，洗净所有的浮夸。想站稳脚跟必须投入到生活这场无止境的修炼中去。

作为一个全球闻名的品牌企业，星巴克的CEO霍华德·舒尔茨在2007年的销售经营会上感到了一阵恐慌。随着企业的发展，星巴克推行了多元化的方式，涉足了唱片、出版、电影等行业。日益膨胀的星巴克越来越失去原有的特色。半加工的袋装咖啡代替了原来新鲜的现场烘焙。员工马不停蹄地忙碌代替了暖心的微笑。越来越长的账单掩盖了星巴克文化精神的逐渐丧失。为了销量，星巴克正日益平庸。

为了保持特色，更好地生存下去，霍华德·舒尔茨打破常规，在互联网上公布了他的忧虑并征集改革意见。经过艰难的选择，在霍华德的带领下，星巴克取消了三明治等影响咖啡香醇气息的相关产品。并在2008年2月开始进行停业培训，对十几万的咖啡师进行内部培训，以确保这些人能够精准无误地调制出让客户满意的咖啡来。

星巴克关门内训的结果是几百万销售额的损失以及客户的潜在流失，外加媒体的冷嘲热讽。不仅如此，在2008年9月华尔街金融危机突然爆发的那一刻，霍华德决定召开北美地区区域经理和门店经理大会。在众多企业都在压低成本、缩紧开支的局势下，星巴克的此次大会约有1万人参加，会议经费预算高达3000万美元。在新奥尔良，星巴克经理从四面八方赶来。迎接他们的不是舒适的接待服务，而是长达5个小时的义务城市修复活动。看似荒唐的会议，却激发了星巴克人的奉献精神和重新生活的斗志。

在星巴克人的努力下，企业在经济危机中逆势突围，到2010年年底，星巴克的年收益超过百亿美元，达到过去40年的财务表现的巅峰。在全球的生意伙伴增加至20万，在54个国家和地区拥有16000家门店。

商业的竞争是残酷的，可持续的生存便显得更加可贵。人生又何尝不是如此呢。为了不被现实或是竞争者击败，好好地生活下去并不那么简单。有许多人为了适应时代的快节奏，不屑于踏踏实实地稳步发展自身，从而步入歧途。殊不知，目光长远、脚踏实地才是好好生活下去源头。

台湾著名演员王耀庆从1995年出道至今一直活跃在影视

屏幕上。而对《好先生》里的江浩坤这一形象的极致诠释更让我们记住了他的名字。

从当红小生到实力派演员，所有的生活经历对王耀庆来说都是一种消耗，同样也是一种积累和沉淀。除了影视剧，王耀庆更热衷于出演舞台剧。一般来说，舞台剧更劳心费神，因为它需要用几个月的时间，反复排练去打磨每一个动作和表情，细微到每一个语调的变化都能呈现出不同的直观效果。

为此他很少有时间去交际应酬，但却也因此完善了表演功力，保持住了内心的镇定。他把每一项训练和演出机会都当作自己的经典去努力。从影 20 多年，他说最好的演绎永远在下一站。

心灵悟语

在漫长的人生路上，与其孤独地死去，不如好好地活着。即使不能成就梦想，也要无限地接近它。如果你现在仍一无所有，那也可以从培养出自己的寻找、探索、发现和选择的能力开始，一步步地好好活下去。

请不要将脑细胞浪费在反复琢磨上

究竟是取是舍，是去是留，我们在生活中面临着太多的选择。然而绝大多数的选择实际上毫无意义，比如午饭要吃米还是面，上班要穿红色衣服还是黑色衣服。

我们总是很焦虑，因为生活节奏快，自己忙得团团转。但你想想真的有那么忙吗？过滤这些无效选择，可以为你节省下大量的时间和精力，你会发现不一样的生活。

做一个职业游戏玩家，是不少年轻人的梦想。这样的工作既新鲜刺激，又能赚银子，何乐而不为呢。可真正把游戏玩到登峰造极却并不是想象那样容易的。在规定的时间里，既要发展自身，又要击败对手，你需要做的事情太多了。

玩好游戏，你需要制定最合理最有效的策略。如果你不是天才，那就不妨去参考一下游戏大神Sky的成“神”之路吧。

初中二年级，Sky迷上了一款游戏《星际争霸》。从此一路勇往直前，再也没有回头。为了游戏，他早退、翘课、逃学去网吧，通宵达旦地蹲守在电脑屏幕前。为了省下钱去上网，他一天只吃一顿饭，每天早上花一块钱买10个水煎包。他把整个身心都献给了游戏，甚至老爸教训他的时候，他都来不及哭泣。为了节约时间，他不回嘴不抵抗，揉揉刚挨完揍的屁股，急匆匆地溜到网吧里。

电竞职业联赛是残酷的，即便如此努力，Sky在那些天才玩家面前仍然像个小菜鸟一样不堪一击。2002年西安比赛，Sky只坚持了三轮就被一名不知名的玩家刷了下来。在一次全球WCG比赛中，他第一轮就被淘汰出局。那一次他开始怀疑自己是否适合电竞。

Sky开始总结自己的打法。他不是那种反应迅捷的选手，太多花哨的打法他是无法掌控的。那么有没有一种可能，只靠一种实际的战术以不变应万变呢？这是唯一适合自己的出路，如果不行，那么他就可以死心了。

他为自己设定了一个简单的程序，精确到每一个步骤，每一秒。为了训练手速，他没日没夜地练习，仅仅一个月的时间，他的右手轻松地练出了一层老茧。2004年，Sky以对手的身份迎战他曾经的偶像天才选手xiaoOt。那一战让他在电竞界一举成名。而此后的每一场比赛，他都沿用这种看似笨拙的打法击败对手，他的打法甚至发展成一种流派。其实这种打法的中心思路适用于每行每业，那就是不在反复琢磨上浪费时间，直击对手要害，简单有效。

杂念是个沉重的包袱，我们要做的是扔掉杂念，摆脱束缚轻松前进。越轻松，我们前进的步伐就越快，也越顺利，即便有再多的阻碍，也能轻松跃过。

倘若登山者在尚未迈步时就想着“摔下来怎么办”“走不动怎么办”“半路缺氧怎么办”“我成功登顶后会不会成为举世瞩目的人”“成功后的我会不会成为登山历史上的里程碑”……恐怕走不了几步就会失败。

同样，我们在做成一件事前就想着“做不成怎么办”“失败了会不会很丢脸”“成功后我会不会得到更大的利益”“我会不会由此名声大振”，心灵也会“缺氧”。

真正做到忘掉名利是件困难的事，如果可以，请先把名利暂时放在一边，专注自己的想法，朝着一个方向努力前行。

有个富翁富可敌国，却怎么都不快乐。有一天，他在山间碰到一个背着大捆柴草的农夫。他上前去问：“为什么我坐拥土地千顷，有珠宝无数，却一点都不快乐？我怎么才能快乐。”

农夫放下柴草说：“很简单，放下。”

富翁恍然大悟，几十年来，他一直担心家财流失，于是费尽心机维护和发展。那些牢牢抱住的东西，正是通往乐土的屏障。他回到家后，将大部分家产拿出来接济穷人，从此高枕无忧。

2006年，世界数学领域最高奖项“菲尔兹奖”在马德里颁发。在颁奖礼的高潮，出现了极富戏剧性的一幕。

国际数学大会揭晓最高奖项获得者是来自俄罗斯的数学家格里高利·佩雷尔曼，他破解了“世界七大猜想”之一的庞加莱猜想，由此可获得的奖金是100万美元。全场掌声雷动，所有人都带着好奇心等着获奖者上台领奖。可掌声持续了很久，都不见有人上台。很快组委会得到了一个有趣的消息，格里高利·佩雷尔曼根本没来。难道没人通知他吗？组委会提前通知了所有获奖者，并且表示可以为获奖者提供机票和住宿。

全场哗然，有人说“真是个怪人”，有人说“或许有什么事比领奖还重要”，有人说“他是个有个性的数学家”。

确实，“菲尔兹奖”相当于数学界的“诺贝尔奖”，对于所有数学家都是至高无上的荣耀，更何况，奖金多达100万美元。即便佩雷尔曼是个不在乎名誉的人，但大家一致认为他是个需要钱的人。他是个穷人，这是组委会一早就获得的基本资料，他没有工作，每个月都靠妈妈退休金生活；他住在满是蟑螂的破烂公寓里，里面连件像样的家具都没有，每天只吃黑面包加廉价的啤酒。

可佩雷尔曼就是这样一个人，他苦心研究不是为了奖项和奖金，只是为了证明自己的推论是正确的，否则他不会把自己的研究成果全都贴在互联网上而不是发表在科学期刊上。如果他多年来一直发表论文，恐怕在之前供职的斯特克洛夫数学研究所早已有了职务和职称了。

国际数学联合会不想放弃如此有天赋的数学家，于是主席约翰爵士亲自到圣彼得堡找到佩雷尔曼，劝他接受奖项和奖金。但佩雷尔曼还是一个回复，“不”，不领奖，不要奖金，不接受任何采访，不要变成名人，不要接受大家的顶礼膜拜。

有梦想很容易，专注实现梦想却很难。多少人受不了清贫的生活而放弃了梦想，多少人因为梦想不能带来预期的名利而将其抛弃，可事实恰恰是这样的：不计较最后的得失成败才有信心走下去且越走越远，偶然一抬头，目标已经近在咫尺。

摒弃在细枝末节上反复琢磨的坏习惯的最好方法是什么，其实很早以前就有人在研究这个问题了。

很久以前一位贤名远播的老师带着一群即将毕业的学生来到一片草地上，学生们心中有些不解，不知道老师带他们到这里来干什么。

老师用手指了指学生们身处的这片草地，对大家说：“这是一片长满了杂草的草地。我的问题就是，除去这些杂草最好的办法是什么？”

问题竟然如此简单。学生们一听，都松了一口气，纷纷开始回答。

一个学生说："用铲子一棵一棵地把杂草铲掉就行了，只要有恒心，一定能铲完。"老师不说话，只是点了点头。另一个学生说："一棵一棵铲太累了，我觉得放一把火烧掉就可以了，又快又省事。"老师仍旧点了点头。又一个学生接着说："用火烧虽然快，可是草根没有除掉，很快又会长出来。我觉得应该'斩草除根'，把草根都挖掉才对。"

学生们各抒己见，给出的回答各有不同，可是老师始终只是点点头，没有说话。最后当大家都说完了，静静地等待老师评判时，老师却说道："等到明年的今天，我们再来这里继续这个话题，那时我将给出最后的答案。"

一年的时间很快过去了，这一天学生们相约来到草地上等待老师揭晓答案，却发现这片草地已经一棵杂草都没有了，而是生长着一大片茂盛的庄稼。学生们高高兴兴地等着老师的到来，可是等了许久，老师也没有来，大家都很纳闷，不明白老师为什么还不来。这时，其中的一个学生看着这片庄稼，好像忽然明白了什么，他指着庄稼对大家说："我明白了，老师今天不会来了，因为他已经告诉了我们他的答案——就是这片庄稼。"

大家面面相觑，不明白这是什么意思。这时另一个学生也醒悟过来，大声说："原来如此！要想除掉草地上的草，单纯的除草是不够的，最好的办法，是在上面种满庄稼！老师想借此告诉我们的就是，想摒弃无谓的反复琢磨，最好的办法就是建立适合自己的简单有效的思考方式。"

心灵悟语

告别讨厌的过去，其实很简单，明天起就在头脑里种上属于你的庄稼吧。

忧郁其实是心态中了毒，并不是月亮惹的祸

有专家研究表明，人的情绪的产生是因为当事情来临之际，我们人为地关闭了大脑中部分思维运行的大门。愤怒是因为关闭了理解，忧郁是因为关闭了快乐。这是一种病，得治。

想把忧郁的毒素排出体外，就要积极调整自己的心态，让思维的大门全部敞开。

不论所处的环境如何，时刻调整心态，积极进取是人生的智慧，也是做人的差距。

有一则故事讲述了三个人同时被关进监狱里服刑，期限是三年。三个人分别是美国人、法国人和犹太人，监狱长答应满足他们每人一个要求。

三个人出于不同的心态，提出了不同的要求。美国人崇尚自由，他觉得自己入狱很委屈，便向监狱长要求提供三大箱雪茄烟来填补空虚的时日。法国人对是否入狱表示无所谓，

只要拥有浪漫，能排遣寂寞，在哪生活都可以。于是，他向监狱长要了一个美丽的女子相伴身旁。而犹太人却认为自己的时间不能被无谓地浪费掉，经过仔细考虑，他觉得监狱与外界的生活相比，首要的问题是监狱封闭了信息的传达，于是他向监狱长要了一部可以与外界随时保持沟通的手机。

三年很快就过去了。美国人第一个冲出了监狱，他的嘴里，鼻孔里塞满了雪茄。一看到人，他就跑过去大喊："快，快借我一个打火机。"原来他只顾着要烟，却忘记要火了。

第二个走出监狱的是法国人。他一只手拉着美女，一只手抱着一个小孩子，而美女的另一只手里也抱着一个孩子，她的肚子微微隆起，显然肚子里还怀着他们的第三个孩子。

最后一个走出监狱的人慢慢悠悠从容不迫，正是那个犹太人。他一出来就给监狱长一个大大的拥抱。他对监狱长说："谢谢你给我的手机，正是因为这部手机，三年来我能够每天和外界保持联系，我的生意不仅没有垮掉，反而增长了 200% 的收益。为了表达我的感激之情，我想送您一辆跑车，希望您能收下它。"

故事里的美国人自暴自弃，却为有烟没火而焦急；法国人安于现状，却面临着照顾家庭和养育孩子的负担；只有犹太人聪明地安排好一切，从而才可以从容地面对未来的生活。因为有着不同的心态，所以每个人都有不同的选择，而正是不同的选择才造就了不同的人生。

所有的选择，其根源来自你的心态。而良好积极的心态来自对自身正确的培养。在挪威，有一个叫爱德华·约翰的年轻人，他受聘于一家世界知名的企业，工作之初，爱德华经验不足。他的朋友给他提出了一个好建议，就是每当一项工作结束后，立刻进行自我检查，这样他的工作能力会很快地提高上来。

一开始，爱德华完全按照朋友的建议进行认真的复查。慢慢地，他觉得自己的能力有所提高，于是便放松了警惕。一次，一项重要的工作结束后，爱德华为了给自己放松一下，没有进行复查便跑到酒吧里喝酒去了。第二天，当他检查了那项工作后，他的头上立刻冒出了冷汗，原来由于他的失误，给公司带来了近百万的损失。现在应该怎么办？是趁公司上上下下没有人知道这件事马上逃走，还是把责任推脱给相关的同事？经过再三考虑，爱德华决定向公司的上层领导坦白这一切。

当他一五一十地把事情的始末告诉给老板之后，他坦诚地对老板说："我愿意被开除并承担全部的责任。"老板听后并没有立即开除他，而是让他负责做好善后工作，努力把损失降到最低点。爱德华及时地更正了自己的错误，并且将结果汇报给老板。老板感动地拍了拍他的肩膀，对他说："你知道吗，爱德华，你的及时汇报和善后措施让公司避免了更大的危害，你的做法挽回了上千万的损失。你就是公司要找的人才！”说完，老板从口袋里掏出自己珍爱的钢笔，别在了爱德华的身上。

此后，爱德华在工作中尽心尽力，不断总结经验，并尝试开发新的项目。他的项目给公司扩大了经营范围，带来了不止百万的收益。而老板不停地把重要的工作委派给他，对他着意培养，最终爱德华·约翰成了这家企业最年轻的总裁。

很多人不理解别人为什么那么幸运，就像故事中的爱德华，即使犯了错却依然得到老板的青眼，刻意栽培。诚然，是因为爱德华的金子般的品质，也是因为他不逃避，积极挽救的正确心态。那些成日抱怨，满心忧郁的人，请问问自己如果把故事里的爱德华换成你，你会如何做呢?

心态的培养，犹如种花，洒下什么种子，就会开出什么样的花朵。

在中国古代有一个叫朱棣的皇帝，后人称他为明成祖。朱棣本不是皇帝的顺位继承者，在当时，他被父亲朱元璋封为燕王。野心勃勃的朱棣一心想要夺得皇帝的位置，于是在朱元璋死后第二年，他便打着“清君侧”的旗号发动“靖难之役”，向他的侄子建文帝举起了武器。

建文四年（1402 年）六月，朱棣在南京奉天殿即皇帝位。

但防民之口甚于防川，朱棣为了不背负“篡逆”的骂名，给自己的继位找一个正当的理由，做了很多坏事情，杀了很多人。杀人的同时，他派人重修《太祖实录》以更正他继承皇位的合法性。接下来便是强化了锦衣卫的秘密警察的职能。为了掩饰他篡位的事实，他用接连不断的恶来欲盖弥彰。恶开出了花，而结出的果实被他的后世子孙来承担，单纯地就锦衣卫制度来说，不能不承认，这是大明王朝最终走向覆灭的伏笔。

心灵悟语

心态是培养出来的，善恶也是培养出来的。扼杀心态的毒瘤，是解决忧郁的开始，不要等到小毒开花结果再无奈地望洋兴叹，那时木已成舟，一切都来不及了。

以欣赏的眼光看待身边的人与事

古人说，大巧若拙，大成若缺。人生有了缺口，人们难免会在心中留下遗憾。而这些遗憾却会在我们的头脑中深刻留白，成为记忆中不可磨灭的珍藏。试想，如果维纳斯不是断臂，即使再美，也许终会被我们遗忘。

面对残缺，我们不妨开启转换模式，转换成欣赏的眼光。对人对事，只需换一个思考的角度就会产生不同的理解。

曾经有一则笑话传遍网络，说的是有一个小和尚问方丈："师父，我可以在念经的时候抽烟么？"方丈大怒道："那怎么行！"小和尚想了想又问："师父，那我可以在抽烟的时候念经么？"方丈大悦："当然可以了。"小和尚的第一次提问，在方丈的脑海里，他便具一个不学无术、亵渎神明的弟子；第二次提问却让一个励志有为、勤于修身的形象跃然纸上。而实际上，一边念经一边抽烟的事实并没有任何的改变，改变的只是我们思考的角度。

任何事情都不是孤立片面地存在着的。想成为一个乐观向上的人，不妨试着换一种欣赏的目光去看待我们身边的人和事。在乐观积极的人的眼中，每一朵花都是美丽的。

一位母亲因为自己的儿子学习成绩不好而焦虑不已。不论母亲多努力地去教导他、监督他，儿子的成绩总是排在班级的最末。

慢慢地，母亲开始灰心失望，她常常问自己，难道儿子真的是个不聪明的孩子吗？难道自己真的是个不称职的妈妈吗？不过，后来发生的一件事改变了这位母亲的想法。

那一年儿子 16 岁，一天晚上，母亲接到了一个电话，她的父亲心脏病发作，去世了。外祖父可以说是儿子的第一个朋友，在他心里占有很重要的地位。多年来，等着外祖父打来电话或者亲自来访，是儿子生活中最重要的期待，没想到，这一切就这样戛然而止了。走进丧礼接待室时，儿子一直牵着母亲的手。母亲抑制住内心的难过，接受着朋友们的安慰，突然，她发现儿子不见了。她四下张望，终于发现儿子在接待室的门口站着，给那些拄着拐杖、步履艰难的老人们提供帮助，搀扶着那些老人们走到外祖父的灵柩前致意。后来，司仪对母亲说，还缺少一个抬柩者，儿子马上走上前来说："先生，我可以吗？小的时候，外祖父总是带着我走，现在，该是我带着他了。”听了这话，母亲忍不住又流下泪来。

这一刻，母亲突然明白了，儿子就算考不出好成绩也没什么，因为一个成绩优秀的儿子根本比不上现在的他，他是那样富于同情心，那样懂得回报他人的爱，而这些都是一个人最难得的品质，没有一门功课可以教得会，也不是任何优秀的成绩可以代替的。

从此，母亲再也不苛责儿子了。生活中，我们总觉得学习成绩好才是好孩子。可是，从不同的角度来看，很多可贵的品质是不能用学习成绩的高低来衡量的。

同一件事情，站在不同的立场，会得出不同的答案。英国著名首相丘吉尔，曾经以固执和死板著称。“二战”前夕的英国正是绥靖主义盛行的时期。当时英国首相张伯伦怀着“带给整整一代人和平”的梦想与希特勒签订了《慕尼黑协定》。全英国的人民都沉浸在和平主义的温馨浪漫里，只有丘吉尔一个人坚持着他那些令人不安、令人不舒服，甚至根本无人愿意去理睬的观点：“德国与英国必将再次发生战争，而且德国已经在备战了！”

为了这份固执，丘吉尔备受排挤。他从海军大臣、财政大臣的职位上卸任，仅剩下一个参议员的头衔。但他并没有因此而选择向“大多数人”靠拢。

当他的家庭财政出现困难面临破产，甚至连每日的蛋糕开支都需要精打细算的时候，他也没有向那些希望他闭嘴的人投降！首相、大多数议员、绝大多数政府官员与英国民众都不相信他，都不支持他。在会议上，只要轮到他发言，会场上就会出现各种嘲讽的不和谐声音，大家拿他开玩笑，希望用那些怪异的、促狭的嘲笑声迫使他知难而退，甚至赶他下台！可是丘吉尔却不管那些，他每次都要用他那受过充分训练的最能打动人心的声调将自己掌握的所有最新消息披露出来，一再努力试图说服那些对他和他的观点嗤之以鼻的人们！

一年后，“二战”爆发。历史后知后觉地证明了丘吉尔的预言是正确的。站在事实的肩膀上，回看丘吉尔当年的坚持，人们很自然地把固执这个词儿换成了自信，是强大的自信给了丘吉尔坚持的力量。而站在今天这样的时间节点上，我们再看“二战”时期的丘吉尔，从战前的预言，到他在逆境中不屈的战斗意志，我们似乎可以读懂他当时的无奈。投降又怎样，投降也挽救不了英国，还不如破釜沉舟，置之死地而后生。战争的输赢已经不再那么重要了，至少丘吉尔和他的国家没有输掉勇气与尊严。这份“固执”值得我们后人欣赏。

让我们再来看看那些“天才”在成为“天才”之前的生活吧！霍金在被检查出患有不可治愈的肌肉萎缩之前，每天以无所事事打发无聊的大学时光；爱因斯坦因为“败坏班风，不遵校纪”曾被路易波尔德中学勒令退学；在爱迪生还没有任何发明，却已经表现出“坚持不爱穿袜子”等怪癖。没有人认为他们是天才，也没人会相信他们将在不久之后取得伟大的成就，拥有传奇的人生经历。

一个放弃奢华生活的王子，抛妻弃子，逃避了治理国家的责任。他衣衫褴褛，形容枯槁，一路行乞走到一棵树下，不吃不喝，不言不动，每天只是坐在那里冥思苦想。有谁会觉得他将成为一位伟大的人物？人们只会觉得他是个疯子！一个比诸贩夫走卒还不如的可怜的乞丐。可是当时会有谁知道，正是这个人开创了佛教，日后被人们称为佛祖！

心灵悟语

世界上从不缺少伟大的人，伟大的事，缺少的是及时投射过去的欣赏的目光。我们只看到事物残缺的一面，而对它散发的光芒置若罔闻。当你仍在忧伤抑郁里徘徊挣扎之时，别忘了擦亮双眼，别让那些值得欣赏的人和事与你擦肩而过。